页岩气开发理论与技术丛书
（第Ⅰ辑）｜卷一

页岩气地质与资源评价

SHALE GAS GEOLOGY AND RESOURCE EVALUTION

林腊梅　金　强　韩作振　著

中国石油大学出版社
CHINA UNIVERSITY OF PETROLEUM PRESS

山东·青岛

图书在版编目(CIP)数据

页岩气地质与资源评价/林腊梅,金强,韩作振著

.--青岛:中国石油大学出版社,2020.12

ISBN 978-7-5636-6993-6

Ⅰ.①页… Ⅱ.①林… ②金… ③韩… Ⅲ.①油页岩
—石油天然气地质—研究—山东②油页岩资源—油气资源
评价—山东 Ⅳ.①P618.130.2②TE155

中国版本图书馆 CIP 数据核字(2020)第 246953 号

丛 书 名：页岩气开发理论与技术丛书(第Ⅰ辑)
书　　　名：页岩气地质与资源评价
　　　　　　YEYANQI DIZHI YU ZIYUAN PINGJIA
著　　　者：林腊梅　金　强　韩作振
责 任 编 辑：王金丽(电话　0532—86983567)
封 面 设 计：悟本设计(电话　0532—86998180)
出 版 者：中国石油大学出版社
　　　　　　(地址:山东省青岛市黄岛区长江西路 66 号　邮编:266580)
网　　　址：http://cbs.upc.edu.cn
电 子 邮 箱：shiyoujiaoyu@126.com
排 版 者：青岛友一广告传媒有限公司
印 刷 者：山东临沂新华印刷物流集团有限责任公司
发 行 者：中国石油大学出版社(电话　0532—86981531,86983437)
开　　　本：787 mm×1 092 mm　1/16
印　　　张：12.75
字　　　数：301 千字
版 印 次：2020 年 12 月第 1 版　2020 年 12 月第 1 次印刷
书　　　号：ISBN 978-7-5636-6993-6
定　　　价：55.00 元

前　言

页岩气是低品位、高风险、高潜能的非常规天然气资源。我国页岩气勘探开发工作已全面铺开，国家支持力度强、资金投入大，但页岩气地质条件复杂、层系多、类型多、区域性差异大。2011—2012 年，国土资源部（现自然资源部）组织开展了"全国页岩气资源潜力调查评价及有利区优选"工作，初步预测我国上扬子及滇黔桂区、中下扬子及东南区、华北和东北区以及西北区总的页岩气资源潜力为 25×10^{12} m^3，初步优选有利区 180 个。各石油公司在四川盆地及周缘、鄂尔多斯盆地等地区积极开展了页岩气勘查开发工作，取得了重要突破和丰硕成果，展现了我国广阔的页岩气资源前景。

我国页岩气资源具有实现跨越式发展的基础条件，但也存在诸多挑战，主要表现为资源"家底"不清、关键参数变化规律未掌握、评价方法体系缺乏等，制约了页岩气勘探开发的快速发展。因此，亟须加强页岩气资源评价基础理论和方法研究，全面开展页岩气资源调查评价，引导我国页岩气勘查开发不断取得突破，促进页岩气产业跨越式发展，提高国内油气能源供给能力。

地质与资源评价是页岩气勘探开发工作部署的重要基础和依据。页岩气地质与资源评价贯穿整个勘探开发过程，有利区优选和资源量计算是核心内容，也是掌握页岩气资源分布规律、进行页岩气开发、提供页岩气发展动力及规避勘探开发风险的重要依据。页岩气在赋存方式、形成条件、富集机理、分布规律及开发方式等方面均不同于常规油气藏，其油气规模和数量的准确评价，以及有利区的优选方法和标准仍然是一个探索课题。常规油气及北美海相页岩气相对成熟的资源评价方法无法直接应用于我国页岩气资源评价中，在含气量等关键参数的获取和厘定方面还存在许多关键问题。因此，为了推动我国页岩气勘探开发不断取得突破，必须进一步深化页岩气地质和资源评价研究。

本书作者全程参加了我国第一次"全国页岩气资源潜力调查评价及有利区优选"工作，依据我国页岩气地质条件和勘探开发现状，探索了页岩气地质和资源评价方法。本书第一、二、三、四、五、六、八章由林腊梅编写，第七章由韩作振编写，全书由金强审阅。

本书为青岛市战略性新兴产业培育计划——"页岩气勘探开发工艺与技术装备"项目资助成果。本书在编写过程中得到了张金川教授等的指导，同时本书的出版还得到了国家出版基金的立项支持，在此一并致谢。

由于资料和水平所限，问题难免，期望在今后的积累过程中不断总结和深化。

目　录

第一章
页岩气概述

　　近年来,美国海相页岩气勘探开发取得了重大突破,产量迅猛增长,对美国天然气市场供应和能源格局产生了巨大影响,引起了世界各国的广泛关注,也引起了我国的高度重视,各级政府部门、企业、高校及相关研究院所等逐步开展针对我国地质特点的页岩气资源调查、研究及勘探开发工作,快速推进了我国页岩气资源开发和利用进程。

第一节　页岩和页岩层系

　　泥页岩指主要组成物质粒度小于 0.005 mm 或 0.003 9 mm(刘宝珺,1980;冯增昭,1993)或 0.062 5 mm(Aplin and Macquaker,2011;Macquaker and Adams,2003)的碎屑岩,由黏土矿物、石英、长石、云母等陆源碎屑矿物,以及有机质和自生矿物等组成。

　　"黏土粒级"与"黏土矿物"二者含义不同。"黏土粒级"是粒度分级,主要指粒径小于 4 μm 的颗粒。绝大多数黏土矿物粒径在 4 μm 以下,部分非黏土矿物粒径小于 4 μm 时也为黏土粒级,粉砂级的矿物粒径介于 4~62 μm 之间。"黏土矿物"则为多种矿物种类的总称。泥岩指由粒径小于 62 μm 的黏土和粉砂级沉积物组成的沉积岩,其中有页理(单层厚度小于 1 cm)发育的称为页岩。页岩中既可赋存多类金属矿床,又可含有丰富的油气资源。页岩油气被认为是赋存于含有机质细粒沉积层系中、自生自储、连续分布的石油天然气聚集。

　　页岩归类为陆源碎屑沉积岩,其组分主要来自物源区母岩风化后形成的细小碎屑颗粒和黏土矿物。这些风化形成的细粒物质以混合絮凝物状态进行长距离搬运,为海洋、湖泊输送大量泥质沉积物,最后以机械方式沉积下来(Macquaker et al.,2010;Schieber,2016)。页岩中少部分黏土矿物还可来自水盆中 SiO_2 和 Al_2O_3 胶体凝聚作用形成的自生黏土矿物,以及由火山碎屑物质蚀变形成的黏土矿物,但这部分通常居于次要地位(曾允孚和夏文杰,1986;Schieber,2011)。

　　按照组分可将页岩分为 3 种主要类型:① 富有机质的硅质泥页岩,主要组分为粉砂级石英和长石颗粒、黏土矿物及有机质,例如 Fort Worth 盆地上古生界 Barnett 海相页岩、中国南方下古生界龙马溪组海相页岩、松辽盆地中生界青山口组陆相泥岩等;② 含有机质的灰质泥页岩或白云质泥页岩,主要组分为黏土矿物、方解石、白云石及有机质,例如威利斯顿盆地上古生界 Bakken 组海相白云质页岩、Maverick 盆地中生界 Eagle Ford 组海相灰质页岩、尤因塔盆地古近系 Green River 组湖相泥岩、渤海湾盆地济阳坳陷罗家地区古近系湖相灰质页岩;③ 混合型,组分包含粉砂级石英颗粒、碳酸盐类、黏土矿物及有机质,表现为多种组分类型的纹层,例如南襄盆地泌阳凹陷古近系核桃园组泥岩、Louisiana 盆地中生界 Haynesyille 海相页岩。由于页岩粒径小,组分来源复杂,岩石组成变化大,非均质性强,目前尚缺乏系统、科学的岩石学分类标准。页岩储层必须经过压裂才能开发页岩油气,因此有利的页岩储层要求黏土矿物含量(与足够的有机质丰度密切相关)和脆性矿物含量(易于压裂)恰当匹配。

细粒沉积岩中常含有多样的纹理和结构。Schieber 等(2007)、Schieber(2016)、Yawar 和 Schieber(2017)等在水槽实验中观察到,粉砂颗粒和黏土矿物混合成絮状物随水流悬浮运动,当絮状物转化为推移质时,絮体翻滚破碎释放出粗粉砂颗粒(粒径 20~60 μm),使其呈离散颗粒状单独沉积,细粉砂(粒径小于 20 μm)仍混合在黏土絮状物中沉积。实验记录了粗粉砂和絮状物波纹在同一表面上持续迁移形成的纹层。坡度、水流速度、泥砂含量、泥砂粒径、泥砂比例等多个因素会影响纹层的形态和结构。基于不同的研究目的,前人分别从不同角度对细粒沉积岩中的纹层进行分类。例如,为了研究物源、水体及气候等条件,依据组分和粒度将纹层划分为泥质纹层、碳酸盐纹层、粉砂质纹层等(王苗等,2018);为了研究水动力条件,依据结构将纹层划分为水平状、波状、交错状等(陈世悦,2016),或平直状和不平直状(刘惠民等,2017);为了研究储集特征,依据结构和规模将纹层划分为块状、层状及纹层状等(柳波等,2018)。

暗色泥页岩的发育是页岩气形成的基础。只要具备水体安静、有机质供给充足及还原环境等条件,海相、海陆过渡相及陆相都可以形成富含有机质的暗色泥页岩。海相页岩主要形成于沉积速率较快、地质条件较为封闭、有机质供给丰富的台地、陆棚及深海或远洋区,特别是在循环极差的停滞水环境中较易沉积形成。此类页岩大多呈黑色,富含有机质和分散状、浸染状以及薄层状黄铁矿,代表相对缺氧的还原静水环境。海陆过渡相的暗色泥页岩主要发育在沼泽、潟湖等沉积环境,特点是暗色泥页岩单层厚度不大,与陆相、海陆过渡相砂质岩薄互层,并夹有煤层;有机质以Ⅲ型干酪根为主。陆相暗色泥页岩主要形成于湖泊环境,发育在与海相页岩相似的水进体系域沉积背景中,其特点是相变快、暗色泥页岩的分布分隔性较强;单层厚度薄,但累积厚度大,垂向上砂泥岩互层变化频率较快;有机质类型多,以Ⅱ和Ⅲ型干酪根为主;泥页岩埋深变化大,有机质成熟度范围大(表1-1)。

表 1-1 我国海相、海陆过渡相及陆相泥页岩沉积特点对比

沉积环境	海 相	海陆过渡相	陆 相
地质时代	早古生代—晚古生代	晚古生代	中生代—新生代
主要岩性	黑色页岩	暗色泥页岩	暗色泥页岩

沉积环境	海 相	海陆过渡相	陆 相
伴生地层	海相砂质岩、碳酸盐岩	煤层、砂质岩	陆相砂质岩
赋存特征	厚层状,相对独立发育	与砂质岩、煤层薄互层	薄层状,与砂质岩互层频繁
有机质类型	Ⅰ和Ⅱ型为主	Ⅲ型为主	Ⅱ和Ⅲ型为主
热演化程度	成熟—过成熟	成 熟	低熟—高成熟
天然气成因	热解、生物再作用($R_o > 1.2\%$)	热 解	生物、热解($R_o > 0.4\%$)
地层压力	低压—常压	常压—高压	常压—高压
发育规模	区域分布,局部被叠合于现今的盆地范围内	局部发育	局部发育,受现今盆地范围影响较大(中生界差异较大)
主体分布区	南方、东北、西北、青藏	西北、华北	华北、西北
主要类型	浅埋型、深埋型	浅埋型、深埋型	深埋型为主
游离气储集介质	裂缝为主	孔隙及层间砂岩夹层	裂缝、孔隙及层间砂岩夹层

页岩层系通常是指一套在成因上有共生关系并以页岩为主的沉积岩系,其中页岩厚度累积占比不低于60%,夹层厚度小于3 m,夹层岩性包括粉砂岩、粉砂质泥岩、泥质粉砂岩、砂岩等。组成页岩层系的沉积岩多为灰色、灰黑色、黑色和灰绿色。可通过钻井、录井、测井异常等直接或间接证据判断页岩层系是否含气。

第二节 页岩气的概念和形成条件

Curtis(2002)对页岩气进行了界定,他认为页岩气在本质上就是连续生成的生物化学成因气、热成因气或两者的混合,它具有普遍的地层饱含气性、隐蔽聚集机理、多种岩性封闭以及相对很短的运移距离,它可以在天然裂缝和孔隙中以游离方式存在、在干酪根和黏土颗粒表面以吸附状态存在,甚至在干酪根和沥青质中以溶解状态存在。

Matt(2003)发展了Curtis的概念,进一步指出,饱含于非常规页岩储层中的天然气,以吸附状态存在于微孔隙和中等孔隙之中,也以压缩状态存在于大孔隙和天然裂缝之中。

张金川等(2004,2012)定义页岩气是主体以吸附和游离两种状态同时赋存于具有自身生气能力的泥岩或页岩层系中的天然气。除了泥页岩本身以外,含气层段也包括部分(粉)砂质和灰质夹层。页岩气聚集具有源岩储层化、储层致密化、聚气原地化、分布规模化等特点。

从机理角度来说,页岩气的形成是天然气在源岩中大规模滞留的结果。传统意义上的"泥页岩裂缝油气"(表1-2)是现代概念页岩气的一部分。

表 1-2 传统泥页岩裂缝油气与页岩气特点对比

特点比较	泥页岩裂缝油气	页岩气	共 性
界 定	赋存于泥页岩裂缝中的油气	同时以吸附和游离状态赋存于以泥页岩为主的地层中的天然气	泥岩或页岩地层中含烃
天然气成因	热成熟	从生物气到高过成熟气	热成熟产气为主
赋存介质	泥岩或页岩裂缝	泥页岩及其砂岩夹层中的裂缝、孔隙、有机质等	泥岩或页岩裂缝
赋存相态	游离(油气)	游离(气)＋吸附(气)	游离(气)
主控因素	构造裂缝	各类裂缝、总有机碳含量、有机质成熟度等	裂 缝
理论模式	岩石破裂理论、幕式理论、浮力理论	吸附理论、活塞式与置换式复杂理论	岩石破裂理论、复杂成藏理论
成藏特点	以油为主的原地、就近或异地聚集	以气为主的原地聚集	近邻或烃源岩内部成藏
保存特点	良好的封闭和保存条件	抗破坏(构造运动)能力较强	适当保存
生产特点	采收率高,产量递减快	采收率低,生产周期长	特殊开发技术

一、页岩气特点

美国页岩气的勘探开发经验表明,页岩气产出较好的地区通常有高的总有机碳含量(TOC,也称有机碳含量)、储层厚度、孔隙度和渗透率,适当的热成熟度和深度,以及裂缝、湿度、温度、压力等要素的良好匹配(Curtis,2002;Hill and Lombardi,2002;Mavor,2003;Montgomery et al.,2005;Ross and Bustin,2008)。美国地质调查局(USGS)提出了海相页岩气选区的参考指标,如富有机质页岩厚度大于 15 m、有机碳含量大于 2%、有机质成熟度大于 1.1%、孔隙度大于 4%、含水饱和度低、伴有微裂缝等。

从目前已开发页岩气藏的共性来看,页岩气的富集主要具有以下地质特点:

1. 赋存介质

页岩中的天然气主体以游离态和吸附态存在于泥页岩中,前者主要赋存于页岩孔隙和裂缝中,后者主要赋存于有机质、干酪根、黏土矿物及孔隙表面。此外,还有少量天然气以溶解态存在于泥页岩的干酪根、沥青质、液态原油以及残留水中。泥页岩层系中的砂质夹层(包括粉砂岩、粉砂质泥岩、泥质粉砂岩,甚至其中的砂岩)是游离气富集和产出的重要场所。将以往以"源岩"角色被研究的泥页岩作为"储集层"进行重新看待,必定会为页岩气的成藏、富集、评价、开发、生产等方面的研究和生产带来许多特殊性。

2. 天然气成因类型

泥页岩中的有机质类型多样,可以分为Ⅰ,Ⅱ或Ⅲ型。各种类型的有机质均具有生成天然气的潜力,但生气演化特征各具特点。无论有机质为何种类型,当适于甲烷菌活动的条件具备时,均可在成熟度较低时被微生物降解生成生物气,在成熟度较高时发生热降解或热裂解而形成热成因气。从已有实例来看,页岩气可以是生物化学成因气、热成因气或两者的混合,具体可能包括通常所指的生物气、低熟—未熟气、成熟气、高熟—过熟气、二次生气、过渡带作用气(生物再作用气)以及沥青生气等多种类型,这一特点表明页岩气的形成具有广泛的物质基础。

美国密执安盆地边缘发现的页岩气为有机质深埋后又被抬升,经历淡水淋滤、微生物作用而形成的二次生气(Martini et al.,2003;Curtis,2002)。密执安盆地 Antrim 页岩的 R_o 仅为 $0.4\%\sim0.6\%$,地球化学和同位素指标表明,这些页岩中的天然气大部分是生物成因的,目前仍在生气。这些浅层生物气被认为是在过去的 22 000 a 中在地下水循环过程中通过微生物作用形成的。更新世冰山加载、卸载及冰川融水对地层岩石的力学性质产生了重要影响,提高了页岩裂缝的发育程度。在更新世冰川消失的过程中,地表水和大气降水充注到密执安盆地上泥盆统的 Antrim 页岩,极大地促进了盆地边缘浅层生物气的形成(Martini et al.,2003)。在伊利诺斯盆地东部也有类似的现象发生,在新 Albany 页岩中亦产生生物气。显然,任何富含有机质的页岩层都是潜在的页岩气藏,而不用考虑它们的成熟度。在适当的条件下,细菌能在地下很短的时间内生成大量的甲烷气体。

圣胡安盆地 Lewis 页岩气和福特沃斯盆地中 Barnett 页岩中的天然气主要来源于有机质的热成熟作用。福特沃斯盆地 Barnett 页岩中的天然气是由高成熟度条件下原油裂解形成的(Jarvie et al.,2007)。GTI 公布了 Barnett 页岩气产气区的 R_o 为 $1.0\%\sim1.3\%$。在伊利诺斯盆地南部深层页岩中的天然气是热成因的,而盆地北部浅层页岩中的天然气为热成因和生物成因的混合。

3. 储集物性

泥页岩基质孔隙度一般小于 10%,属于典型的致密储层($\phi\leqslant12\%$)。当考虑裂缝等因素时,泥页岩的总孔隙度(孔隙+裂缝)仍属于致密储层范畴,其中有效含气孔隙度一般只有泥页岩总孔隙度的 50% 左右,故游离气是页岩气的重要构成部分,但又不是其中唯一的存在方式。具有工业价值页岩气的有效含气孔隙度下限可降至 1%。

4. 页岩气赋存方式

天然气在页岩中主要以 3 种状态赋存,即游离态、吸附态及溶解态,以游离态和吸附态为主。

页岩气以游离态存在孔隙或裂缝中。对泥页岩的微观研究发现,其中含有大量微孔隙和微裂缝,它们的直径和宽度远大于甲烷分子的直径,具有储存游离相甲烷的条件;另外由于构造作用,泥页岩还可以发育大量构造裂缝,这些构造裂缝既是游离天然气的储集空间,又是渗滤通道,可以在裂缝集中发育的位置形成页岩气甜点。

页岩气以吸附态赋存在干酪根、黏土矿物等固体表面上。泥页岩区别于砂岩储层的典型特征包括粒度细、黏土含量高、有机碳含量高、内比表面积大等。因此,泥页岩具有较强的吸附能力,天然气分子可以大量地吸附在有机质和黏土矿物表面,并且稳定存在。

页岩气以溶解态赋存在干酪根、沥青质、残留水和液态烃中。以溶解态赋存在页岩中的天然气只占极小比例,溶解量取决于温度、压力等条件。一般在页岩气的勘探开发中不考虑溶解态存在的天然气的含量。

吸附态的赋存方式是页岩气聚集的重要特征。吸附态的天然气量可占天然气总量的20%～85%,平均为50%,介于煤层气(吸附气含量在85%以上)和常规气(吸附气含量通常被忽略)之间。吸附气和游离气大约各占50%,其相对比例主要取决于泥页岩的矿物组构、裂缝及孔隙发育程度、埋藏深度以及保存条件等。这一特点决定了页岩气通常具有较好的稳定性和较强的可保存性,即页岩气具有相对较强的抗构造破坏能力。在常规储层油气难以聚集成藏和保存的构造单元中,有可能发现并产出页岩气。通常情况下,赋存在页岩裂缝中或细粒砂岩夹层及透镜体中的天然气与常规天然气藏中的类似。

由于认识到泥页岩中吸附态天然气的大量存在,人们对泥页岩的认识发生了从烃源岩到储层的转变。利用一定的开发技术,泥页岩中也可以产出具有工业价值的天然气。

5. 富集过程

泥页岩储集物性致密,除裂缝非常发育(常规意义上的裂缝性油气藏)外,外来运移的天然气难以运聚其中。从某种意义上来说,页岩气就是烃源岩生排气作用后在泥页岩中所形成的天然气残留(即通常所称的排烃残留气),或者是泥页岩(气源岩)在生气阶段之初已经生成但尚未来得及大量排出的天然气。在泥页岩内部,所生成的天然气可能仅发生了初次运移(页岩内)及非常有限的二次运移(页岩层附近粉砂质和砂质岩类夹层内)。对于页岩气,页岩本身既是源岩又是储层,为典型的“自生自储”成藏模式,具典型的原地生、原地储、原地保存等“原地”模式和特点。从这一意义出发,不含有机质或有机质被完全氧化的红色泥页岩不具备页岩气成藏条件。

6. 成藏条件下限

由于页岩聚气的特殊性,与常规储层气相比,页岩气的成藏门限明显降低,如泥页岩的有机碳含量最低可降至 0.3%,有机质成熟度(R_o)最低可降至 0.4%,最高可升至 4.0%,有效孔隙度可降至 1%,总的吨岩含气量水平可降至 0.4 cm^3/t,天然气聚集的盖层厚度条件可降至 0 m,成藏深度界限可升至地表,等等。这一特点为页岩气的形成和发育提供了广阔的分布空间。

7. 聚集机理

页岩气既具有致密砂岩气(根缘气)特点,又受吸附气特点(煤层气)约束;既具有多种类型成藏机理,又有明显的自身特殊性。在表现方式上,煤层气的吸附气机理、根缘气的活塞式天然气运移、常规储层气的置换式排驱以及溶解气的过程特点等均可不同程度地体现,天然气的吸附与扩散、压缩与相变、溶解与脱溶、聚集与逸散等过程连续发生,反映了复杂的天然气聚集过程和特点。这些复杂性也为页岩气的勘探分析与评价带来了新的问题和内容。

8. 页岩气是天然气成藏与分布序列的重要组成

根据天然气成藏与分布序列理论,盆地中的天然气在聚集和分布上构成一个完整的序列,即在基本条件具备的典型盆地中,从盆地中心向盆地边缘、从构造深部位向埋藏浅部位,在盆地的平面和剖面上依次可形成煤层气(在或不在经济埋深范围)、页岩气、根缘气、水溶气、常规储层气以及水合物等。作为主要气源岩的页岩层系是序列中天然气的重要提供者,页岩气是盆地内完整天然气系统的重要构成者,是潜力较大的非常规天然气资源类型。在平面和剖面上,页岩气可与其他类型天然气藏形成多种组合共生关系。

此外,页岩气资源还具有分布连续、丰度低、开发成本大、产量低、寿命长等特点。

二、页岩气形成条件

泥页岩中天然气的赋存非常普遍,但要形成页岩气富集还需要具备一定的地质条件。对页岩气来说,泥页岩本身既是气源岩又是储集层和封盖层,具有典型的"自生自储"和原地成藏特点,因此不需要考虑二次运移和常规的聚气圈闭等问题。形成页岩气富集的基本地质条件包括生气、储集以及封存 3 个主要方面。

(一) 大规模的生气能力

由于页岩中富集的天然气难以从外部获得,故形成页岩气的首要条件就是页岩本身具备良好的大规模生气能力。富含有机质泥页岩中天然气的生成主要取决于岩石中原始沉积有机质的类型、丰度以及热演化程度等。

Ⅰ型干酪根以生油为主要特点、Ⅲ型干酪根以生气为基本特点,当Ⅰ型干酪根进入高热演化程度($R_o > 1.2\%$)时,干酪根热解及已生成的原油裂解所生成的天然气总量远大于Ⅲ型干酪根,且由于干酪根热解演化中间产物(原油、沥青及其他残余有机物等)的缓冲作用,Ⅰ型干酪根常具有量大、时长、样多的生气过程。尽管如此,要达到一定的生气强度和总生气量,还需要较高丰度的有机质作为前提。结合我国地质情况和特点,页岩有机碳含量的勘探下限可以认为是 0.5%,但开发下限一般为 2.0%。

相对于常规储层气藏来说,页岩的含气丰度较低,而开发成本相对较高,因此要具有一定的工业价值就需要依靠较大的有效厚度及分布规模来弥补。通常情况下,海相页岩的单层厚度大,分布面积广,一般具有较大的规模。海陆过渡相和陆相泥页岩单层厚度薄,常与砂岩频繁形成薄互层,分布面积相对较小且分隔性较强,是否能够形成工业价值尚需根据具体地质条件进行分析。

（二）良好的储集性能

仅采用常规储层的储集性能来表征页岩的储集特点不够全面，常规储层天然气仅考虑游离气，储集条件表征的主要参数是孔隙度、渗透率及含水饱和度等。而页岩气的赋存相态至少包括吸附态和游离态两种，游离态和吸附态相关的表征参数均在考虑之列。除了孔隙度、渗透率等特征之外，其他如有机地球化学主要参数、矿物学组构参数、裂缝发育特点和程度等也都对页岩聚气具有重要影响。由于"储集条件"这种说法已经作为习惯被油气地质学家广泛采用，故在页岩气研究中仍然采用这一术语对页岩的含气条件进行表征。

页岩气具有游离和吸附的两重性。对于游离气，由于页岩储集物性致密且天然气的生成模式为自生自储，故常规储层意义上互不连通的死孔隙、微孔隙也是页岩气重要的储集空间。裂缝不再仅仅是页岩气运移聚集的通道，更重要的是作为储集空间而影响页岩含气量。裂缝既可能是页岩气富集的积极因素，也可能是页岩气破坏的直接原因。根据Barnett页岩气开发经验，天然裂缝不但没有增加页岩的总含气量，反而降低了天然气的产能。Bowker（2003）统计认为，位于高裂缝发育区钻井的页岩气产能往往最差，在构造高点、局部断层或者喀斯特塌陷附近的钻井中，天然裂缝往往比较发育，但其中的页岩气产能往往比其他地区钻井要差，表现为生产能力下降和含水量提高。因此，较好的孔隙度和适度的裂缝发育程度是页岩气具有良好储集性能的必要条件。吸附天然气可能占到页岩总含气量的50%，故决定页岩吸附气能力的相关因素（如温压条件、有机碳含量以及黏土矿物组构等）也构成了页岩储集条件评价的重要指标。较高的有机碳含量、优质的干酪根类型、较高的成熟度以及适当的温压条件等也是页岩气富集的有利条件。

甜点是指孔、渗物性相对较好且具有较大工业产能的天然气富集区带，黄油层表现为甜点的成层分布，它们是非常规天然气勘探的主要目标。对于页岩气，甜点不应当仅指孔隙度发育的物性相对高值区，还应当包括具有优质生气能力且具有较高脆性矿物含量等特点的区带。

（三）良好的封存作用

页岩气虽然对盖层和保存条件的要求不高，但良好的封盖条件对工业性页岩气的富集无疑具有积极作用。页岩气赋存于页岩当中，由于大约半数的页岩气以吸附方式存在，故页岩气具有较强的抗构造破坏能力，能够在常规储层气藏难以形成或保存的地区聚集。即使在构造作用破坏程度较高的地区，只要有天然气的不断生成，就会有页岩气的持续存在。

特殊的赋存机理决定了页岩气藏所需的圈闭与保存条件并不像常规储层油气藏那样苛刻，因为储集介质致密，页岩本身就可以作为页岩气藏的封闭条件。在某些页岩气盆地中，页岩上覆、下伏致密岩石还可以对页岩气起到进一步的封盖作用，在East Newark气田，Barnett页岩上、下均被致密的碳酸盐岩封闭，近年来已成为美国页岩气产量增长最快的区域。

三、与其他类型油气藏的关系

（一）页岩储层与砂岩储层

页岩储层与常规砂岩储层相比具有很多特殊性（表 1-3）。从碎屑岩粒度划分来看，页岩储层占据了粒度分级最末端（主体颗粒直径小于 0.005 mm），黏土矿物和有机质是其主要组成，这决定了页岩储层具有较强的生气能力和吸附能力。有机质成熟后，烃类持续生成，在使源岩本身达到吸附饱和并充满其中的储集空间后，多余的烃类才能向源岩外运移，为常规储层提供烃类来源。即使泥页岩本身生气能力较弱，无法生成足够数量的烃类以充注常规圈闭，但也极有可能使源岩本身达到饱和或近饱和，可以成为页岩气勘探的目标。从这个角度来说，页岩气成藏对源岩的要求比常规油气成藏门槛低得多，分布也广得多。

表 1-3　页岩储层与常规砂岩储层主要特征对比表

对比项目	页岩储层	砂岩储层
岩石成分	黏土矿物、有机质、矿物碎屑	矿物碎屑
颗粒粒度	主体颗粒直径小于 0.005 mm	主体颗粒直径大于 0.05 mm
比表面积	大	相对较小
生气能力	有	无
源储关系	源储同层	源储不同层
天然气主要赋存状态	吸附态、游离态	游离态
孔隙大小	中孔、微孔为主	中孔、宏孔为主
孔隙度	小于 10%，一般 1%～5%	大于 5%，一般大于 10%
渗透率	$(0.001\sim2)\times10^{-3}\ \mu m^2$	一般大于 $0.1\times10^{-3}\ \mu m^2$
地层水	储层中通常无水或少量水	有边水、底水
成藏机理	残留	运移
含气丰度	低	高
勘探开发目标	相对高含气量有利区、甜点	圈闭
压裂措施	必须	不是必须
裂缝	必须，天然或人工产生均可	不是必须
开采范围	较大面积	圈闭内
开发深度	目前限于 4 000 m 以浅	一般不受限
产气特征	产量低，开发周期长	产量高，开发周期短

页岩气烃源岩与储层合二为一，在研究页岩储层含气特征时，研究对象、研究方法、研

究内容和侧重点都与常规储层存在差异。泥页岩层系本身的地化特征和矿物组成是评价页岩储层的重要指标和依据,而这两方面内容对常规砂岩储层来说都是不必要的。后文将分别讨论页岩中吸附天然气和游离天然气的储集特征。

(二) 页岩气与页岩油

20 世纪 60 年代以来,我国就已在不同含油气盆地中发现了"泥页岩裂缝性油藏"。随着页岩气富集理论的深入及勘探开发技术的进步,被赋予全新机理意义的页岩油目前已成为各主要油气田区内储量增长的热点领域。在松辽、渤海湾(辽河、济阳、濮阳等坳陷)及南襄等中新生代陆相盆地中均已不同程度地获得了页岩油流。在辽河坳陷,曙古165 井压裂后在沙三段泥页岩中形成了 24.0 m^3/d 的原油产能;在濮阳坳陷,濮深 18-1 井在沙三段泥页岩中获得 420.0 m^3/d 工业油流;在泌阳凹陷,安深 1 井压裂后在核桃园组泥页岩中获得 4.7 m^3/d 工业油流,泌页 HF1 井压裂后获得最高 22.5 m^3/d 工业油流(表1-4)。我国中新生代陆相泥页岩层系中的页岩油资源已引起各石油企业的高度重视,相关理论研究与勘探开发实践陆续展开。

表 1-4　我国页岩油主要发现井基本特征

	泌阳凹陷		辽河坳陷	濮阳凹陷	济阳坳陷
代表井	泌页 HF1	安深 1	曙古 165	濮深 18-1	罗 69
层　位	核二—核三段	核三段	沙三段	沙三上—中亚段	沙三下亚段
埋深/m	2 415~2 451	2 488~2 498	2 704~2 748	3 252	2 911~3 140
厚度/m	90	90	50	20~50	100~300
R_o/%	0.61	0.62	0.70	0.88~0.96	0.70
TOC/%	3.5	3.0	1.0~2.4	1.0~4.0	1.5~3.4
脆性矿物含量/%	65.7	73.5	50.0	64.0~83.0	68.7~82.2
日产量/($m^3 \cdot d^{-1}$)	22.5	4.7	24.0	420.0	—

页岩气和页岩油均是富有机质泥页岩所生成的油气未排出而滞留或仅经过极短距离运移就地聚集的结果,为典型的自生自储原地富集模式,赋存的主体介质是曾经有过生油气历史或现今仍处于生油气状态的泥页岩层系,既包括泥页岩本身的微孔隙、微裂缝,也包括泥页岩层系中的其他岩性夹层;具有连续分布、无明确物理边界、不需常规意义圈闭等特点,裂缝适度发育区往往可形成开发甜点。

与页岩气吸附态和游离态的赋存方式不同,页岩油主要以游离态、溶解态及少量吸附态赋存(表 1-5);与页岩气形成条件不同,页岩油的形成通常需要更高的有机碳含量、特定的有机质类型(偏生油的Ⅰ或Ⅱ型)及适当的热演化程度(生油窗);与页岩气基于解吸、渗流机理的开发条件不同,页岩油密度和黏度均较大,在储层物性致密、渗透性差的条件下,渗流条件和渗流速度变化复杂,可采性比页岩气差多,适当的埋深、较轻的油质及较高的地层压力有利于页岩油的富集和开发。

表 1-5　页岩气和页岩油的异同点

比　较	页岩气	页岩油
赋存空间	生烃泥页岩基质孔隙(微孔隙)、裂缝(微裂缝)及其他岩性夹层,物性致密	
富集特点	自生自储、原地聚集;不需常规意义圈闭;富集范围无明确物理边界	
有利区	生烃凹陷中心邻近的斜坡部位	
地层时代	前震旦系—新生界	中—新生界为主
沉积相类型	海相、海陆过渡相、陆相	陆相为主
有机质类型	Ⅰ,Ⅱ,Ⅲ型	Ⅰ,Ⅱ型有利
有机质丰度	低—高	较　高
热成熟度	低—高	适　中
赋存状态	吸附态、游离态为主	游离态、溶解态为主
流体物性	密度较小,黏度较小	密度较大,黏度较大
可采条件	解吸、渗流	相对复杂

　　页岩气和页岩油是有机质在不同演化阶段的产物。根据渤海湾盆地辽河坳陷沙三段陆相富有机质泥页岩的生烃模拟实验结果,R_o 为 $0.5\%\sim1.2\%$ 时有机质以生油为主,其中Ⅰ型干酪根的生油率可以是Ⅲ型干酪根的 10 倍或更多,Ⅱ₁ 和 Ⅱ₂ 型干酪根生油率是Ⅲ型干酪根的 $2\sim7$ 倍;R_o 大于 1.2% 时以生气为主,其中Ⅰ型干酪根的生气率是Ⅲ型干酪根的 $5\sim6$ 倍,Ⅱ₁ 和 Ⅱ₂ 型干酪根生气率分别是Ⅲ型干酪根的 $2\sim4$ 倍,Ⅱ型有机质 R_o 为 1.0% 左右时由油窗进入凝析油和湿气窗。在富有机质泥页岩孔隙中总是油气共存的,随着有机质热演化成熟度的增加,生成的烃类不断发生相态转化,气油比逐渐升高,并没有截然分开的界限,气油比是决定产出流体性质的重要因素(图 1-1)。

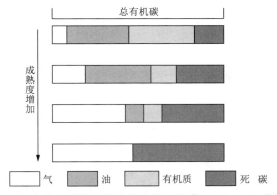

图 1-1　富有机质泥页岩孔隙中的油气(据 Javie,2012 修改)

　　陆相生油气理论是我国油气地质的重要特色,陆相沉积地层中勘探开发获得的常规油气产量是支撑我国油气工业发展的主体部分。虽然目前北美工业性开发的页岩气均在海相沉积地层中,但我国已在陆相泥页岩中获得了页岩气、页岩油勘探开发的重要突破。我国陆相盆地中的页岩气既可形成独立的产气区,又可与页岩油产区在平面上相邻分布,具有页岩气、页岩油共生的条件。

1. 有机质类型多样

相对于海相泥页岩中有机质以Ⅰ型为主的特征,我国陆相盆地,尤其是陆相断陷盆地由于构造和沉积演化周期相对较短,使得湖盆中有机质类型更为多样和复杂,Ⅰ、Ⅱ、Ⅲ型有机质常可混合发育。深湖、半深湖相泥页岩富含Ⅰ和Ⅱ₁型干酪根;浅湖、三角洲相富有机质,含Ⅱ₂和Ⅲ型干酪根泥页岩;沼泽、河流相含Ⅲ型干酪根泥页岩。在剖面和平面上,大中型湖盆的沉降-沉积中心部位往往发育Ⅰ和Ⅱ₁型有机质,盆地上部层系和斜坡部位通常发育Ⅱ₂和Ⅲ型干酪根,它们的有机碳含量和热演化程度各不相同,通常具有更宽的生气窗和更多样的生烃产物。

2. 成熟度相对较低

我国陆相富含有机质泥页岩有机质热演化程度普遍不高,4 500 m以浅 R_o 多数小于1.5%,3 000 m以浅 R_o 多数在1.0%以下,Ⅰ型有机质处于石油和湿气生成窗内,Ⅱ和Ⅲ型有机质主体处于生气窗内。实际试产时产出的流体性质除了与有机质类型有关外,还与油气的渗流性有关。

3. 储集空间丰富

与海相页岩相似,我国渤海湾、鄂尔多斯、南襄等盆地中—新生界陆相富有机质泥页岩中均发现了多种类型的微孔、微缝(图1-2),孔缝类型主要包括有机质内孔隙、矿物内

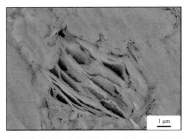 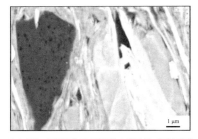

(a)渤海湾盆地东濮凹陷古近系沙三段泥页岩　　(b)鄂尔多斯盆地延长探区三叠系长7段泥页岩

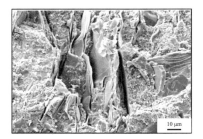

(c)南襄盆地泌阳凹陷古近系核三段泥页岩

图 1-2　我国陆相泥页岩储集空间

孔隙、矿物间孔隙、溶蚀孔、构造或成岩微孔缝等,孔缝大小从几纳米到几十微米不等。有机质孔隙发育程度与泥页岩有机碳含量和有机质演化程度密切相关,其他类型孔缝多与泥页岩成岩及构造作用有关。我国陆相泥页岩孔隙度多数在5%以下,页岩气开发时的渗透率与天然裂缝和人工裂缝发育程度有关。

4. 保存条件好

相对于我国南方海相页岩大部分分布在盆外抬隆区的特点,我国陆相富有机质泥页岩主体分布于新生代沉积盆地中心及斜坡,上覆地层较厚,埋深较大,断裂发育适中,基本不受地表水和风化作用影响,保存条件相对较好。

5. 地表条件好,多处于常规油气勘探开发成熟区

我国海相页岩虽然具有与北美相似的页岩气发育基础条件,但大部分分布在南方地表条件复杂地区,地貌以山地为主,断裂发育复杂,为页岩气勘探开发带来了较大困难。而我国陆相泥页岩主体分布在北方平原、丘陵、戈壁等地貌相对简单的地区,且大多数与常规油气勘探开发成熟区重叠,具有很大的基础资料、钻井、地球物理、基础设施及勘探开发施工条件等优势,这些优势使得我国陆相页岩气具有更好的经济可采性。

虽然具有页岩气形成的诸多有利条件,但我国陆相页岩气的富集范围和规模可能是相对有限的。陆相沉积受高频旋回控制,泥页岩层系中薄夹层发育、多个泥页岩层系间岩性组合复杂,频繁的相变造成了泥页岩层系在剖面上和平面上连续性较差,岩性组合变化较快,给确定页岩气发育的有效厚度和有效面积带来了较大困难。该特点不仅影响页岩油气资源的发育规模,也加大了页岩气的勘探难度。

(三)页岩气、致密砂岩气与煤层气

当有机质达到一定埋藏深度后即可进入生气状态,所生成的天然气将依次满足吸附、溶解及游离相运移要求。在从构造深部向浅部、从盆地中心到盆地斜坡的方向上,将依次形成页岩气、煤层气、致密砂岩气及常规(储层)气等,形成连续分布和机理过渡的天然气序列,但其相互之间差异明显(表1-6)。

表 1-6　主要类型非常规天然气特点对比表

特点对比	致密砂岩气	页岩气	煤层气
赋存介质	致密砂岩(孔隙、裂缝)	页岩(基质微孔、夹层、裂缝)	煤(基质微孔、割理)
聚集模式	游离	吸附+游离	吸附
成因机理	热解、裂解	生物、热解、裂解、生物再作用	生物、热解、裂解、生物再作用
运移	短距离二次运移	无运移、初次运移、极短距离二次运移	无运移、初次运移、极短距离二次运移

特点对比	致密砂岩气	页岩气	煤层气
产出流体	干气为主	湿气、干气	湿气、干气
有机质类型	—	Ⅰ,Ⅱ,Ⅲ型	Ⅲ型为主
最大经济开发深度/m	6 500	4 500	2 500
分布范围	盆地中心及斜坡	盆地中心	盆地边缘

注：—表示不含有机质。

我国具备非常规天然气发育的地质条件，且分区、分类特征明显。在南方地区，主要发育古生界海相地层，具有地层时代老、有机质热演化程度高、构造变动强烈、油气保存条件较差等特点，是页岩气发育的有利区域；尤其是早寒武世及早志留世沉积的富有机质页岩层系分布面积广、发育厚度大、有机碳含量高，有可能成为我国页岩气的主要生产区。北方地区则地层发育时代广、盆地叠加过程复杂，为多种类型非常规天然气的发育和分布提供了有利条件。在华北及东北地区，富有机质页岩早可见于前震旦系，晚可延伸至新近系，煤及煤系地层、富有机质泥页岩、致密砂岩乃至火成岩、变质岩等均有不同程度的发育，有望在致密砂岩气、煤层气及页岩气等领域获得进一步突破。在西北地区，古生界至第四系富有机质页岩发育广泛，特别是中生界富有机质页岩及煤系地层厚度大、有机碳含量高，为非常规天然气发育提供了良好的物质基础，有望在煤层气、致密砂岩气及页岩气等领域成为我国非常规天然气的供应基地。

（四）天然气序列

作为同一套源岩的烃产物，天然气和石油的生成、运移、聚集也是彼此联系的，从油气的来源、演化、储层渐变、成藏机理以及保存破坏的多样性变化观点看，油藏和气藏、气藏和气藏的形成和分布是一个有机组合的序列（张金川等，2003）。受来源多样性的影响，较之石油，天然气类型更具多样性。但每一种天然气的生成和聚集并不是孤立存在的，各类型天然气存在着成因或成藏上的联系，以一定的顺序依次出现，构成了一个系统，即天然气序列。近年来，国外将不同类型的油和气、气和气作为一个有序的整体，针对其关系的专门研究也已经展开，为我国不同天然气类型成藏相关性研究提供了参考。

Schenk 和 Pollastro（2001）将赋存在各类型的常规圈闭中的气藏统称为"非连续型气藏"，将包含页岩气、根缘气、煤层气等在内的各类型的非常规气藏统称为"连续型气藏"（图 1-3）。

天然气序列的研究目的是更加科学合理地指导天然气勘探实践，能够科学地掌握分布规律，有效地进行预测，因此有必要深入研究盆地中各类天然气聚集机理，从本质上掌握各类天然气的富集规律和成藏条件，并据此对天然气藏进行类型划分。序列研究的思路就是从成因及成藏机理的角度将各类型气藏联系起来，作为一个有机的整体加以研究，这种思路为天然气成藏及分布规律的研究提供了新的方法。

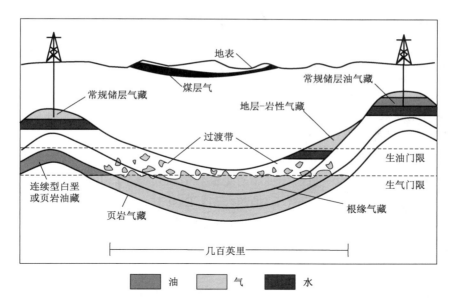

图 1-3 连续型气藏的空间分布模式(据 Schenk and Pollastro,2001)

1 mi≈1.61 km

有机质达到一定埋藏深度后进入生气门限,从天然气生成开始,在适宜的地质条件下,将会依次发生气源岩吸附饱和、气源岩游离气饱和、气源岩水溶气饱和、天然气活塞式运移进入相邻致密砂岩、致密砂岩游离气饱和、致密砂岩水溶气饱和、天然气置换式浮力运移进入疏导体系、天然气在圈闭中聚集、天然气扩散渗漏形成水溶气等过程,形成连续分布、依次过渡、机理具有明显差异、不同类型的天然气藏。该过程中,将生成天然气的气源岩视为整个天然气序列的"根",则可以将序列分为根内气、根缘气和根远气三大类(张金川等,2010),水溶气在这三大类中均有分布。

根内气是指赋存于气源岩层系内部、未经过明显运移的天然气富集,主要包括煤层气和页岩气。根缘气是指赋存于与气源岩紧密相连的致密砂岩中、以短距离活塞式运移为特征的天然气富集。根远气是指赋存于远离气源岩的圈闭中、以置换式浮力运移为主要特征的天然气富集,主要包括常规储层气、水合物等类型(张金川等,2010)。

第三节 典型页岩气田特征

一、Newark East 页岩气田

Newark East 气田位于美国得克萨斯州中北部 Fort Worth 盆地北部,是 Barnett 页岩最具代表性的高产页岩气田。

Newark East 气田所在的 Fort Worth 盆地是晚古生代沃希托造山运动中形成的弧后前陆盆地,为不对称的楔形,向北加深。密西西比系 Barnett 页岩主要由黑色灰质页

岩、黏土页岩、石英质页岩和含白云石页岩组成,为海相缺氧环境下的缓慢沉积。

Newark East 气田产层 Barnett 页岩被 Forestburg 灰岩层分为上下两段,隔层 Forestburg 灰岩最厚在 61 m 以上。Barnett 页岩上段平均厚 46 m,下段厚约 91 m,超过 75% 的页岩气产自下段。向气田的西部和西南部,Barnett 页岩迅速减薄;向北部和东北部,碳酸盐含量快速增加。

有机碳含量是控制 Barnett 页岩成藏的重要因素之一。Barnett 页岩有机碳含量总体较高,主体分布范围为 4%~5%,最大值高达 12%。岩性不同,有机质丰度也发生变化,在富含黏土矿物的层段有机质丰度相对更高。有机质类型以 II 型为主,当镜质体反射率 R_o<1.1% 时,以生油为主,生气为辅;Newark East 气田及其邻区生产的页岩气是由后期高成熟度的原油和沥青的二次裂解形成的,其 R_o≥1.1%。美国天然气技术研究所 GTI 公布的 Barnett 页岩产气区 R_o 为 1.0%~1.3%,实际上产气区西部的 R_o 为 1.3%,东部的为 2.1%,平均为 1.7%。

页岩孔隙度和渗透率伴随有机质成熟(由液态烃到气态烃)而增大,并导致微裂缝的生成。有生产能力的、富含有机质的 Barnett 页岩的孔隙度为 5%~6%,渗透率低于 $0.01×10^{-3}$ μm^2,平均喉道半径小于 0.005 μm(约为甲烷分子半径的 50 倍),平均含水饱和度为 25%。关于天然裂缝在 Barnett 页岩气藏中的作用,很多学者都进行过探讨,但都没有得出实质性的结论。Bowker(2007)和 Montgomery 等(2005)认为位于构造弯曲部位高裂缝发育区的井的产能往往最差。

Bowker 对 Newark East 气田南部的 Mildred Atlas 1 井岩芯样品进行了罐装解吸气量分析,表明在常规气藏条件下(20.70~27.58 MPa),Barnett 页岩中吸附气体积含量为 2.97~3.26 m^3/t,该井样品有机碳含量在 4.77% 左右。Lipscomb 3 井现今的有机碳含量为 5.25%,吸附气体积含量为 3.40 m^3/t,总含气量为 5.57 m^3/t,吸附气占天然气总体积含量的 61%。该丰度比美国其他盆地页岩气藏(密执安盆地的 Antrim 页岩气藏、伊利诺斯的 New Albany 页岩气藏、阿巴拉契亚盆地的 Ohio 页岩气藏以及圣胡安盆地的 Lewis 页岩气藏)的要大。

在 Newark East 气田主力产区,Barnett 页岩埋深为 1 982~2 592 m,厚度为 92~152 m,现今平均有机碳含量大于 2.5%,轻微超压(12.21 kPa/m),含气饱和度为 75%,产气层的孔隙度为 6%,渗透率为(0.01~10)× 10^{-3} μm^2,镜质体反射率为 1.3%~2.1%,平均为 1.7%,并在向东—南东方向增大,气/油体积含量比值也在这一方向上增大。

Barnett 页岩上覆的 Morrowan 组、Chappel 组、夹层的 Forestburg 组及其下伏的 Osagean 组、Ellenburger 组等灰岩隔层的存在,形成了几套致密的隔板层,将水力压裂的动力和大量的原始及诱发裂缝限制在 Barnett 页岩内部,既阻止了烃类的排出,也有利于页岩气井的生产。

Newark East 气田页岩气的分布和生产能力比较复杂且强烈依赖有机质丰度、成熟度和埋藏条件等。生产数据表明,有机碳含量越大的地方,气体产量也越高;裂缝发育的地方,产气量低,黏土含量低;高成熟度条件亦是 Barnett 页岩气形成的主要因素之一。除了这些内部因素外,页岩气藏的特征还受其埋深和温度的控制,轻微超压有利于水力压裂的成功实施。

二、涪陵页岩气田

涪陵页岩气田位于我国四川盆地东南部焦石坝背斜构造带,是我国第一个也是目前唯一一个商业页岩气田。截至 2015 年 8 月底,涪陵页岩气田共有产气井 142 口,页岩气单井日产量普遍达到 10×10^4 m^3/d 以上,单井平均日产量 32.72×10^4 m^3/d,最高 59.1×10^4 m^3/d;总日产量超过 1 200×10^4 m^3/d(翟刚毅,2015)。

焦石坝背斜带构造走向北东—南西,地层倾角小于 10°,构造周缘被大耳山西、石门、吊水岩等断层夹持,页岩气保存条件良好。储层下古生界五峰组—龙马溪组为海相深水陆棚环境沉积,发育富含有机质页岩层,厚度横向展布稳定。平面上,向北西方向沉积环境逐渐过渡为浅水陆棚亚相—滨岸相;垂向上,从下到上沉积水体逐渐变浅。

涪陵页岩气田主要产气段岩性为黑色、灰黑色硅质、炭质富有机质页岩,局部夹含粉砂质页岩。其中,有机碳含量大于 2% 的页岩厚 38～44 m,页岩有机质类型以 I 型为主,R_o 平均为 2.65% 左右,主体处于生成干气阶段,现今埋深在 2 500 m 左右。

张士万等(2014)利用氩离子抛光扫描电镜、高压压汞、压汞-液氮吸附联合测定、nmCT 及 FIB-SEM 等多种测试手段,对龙马溪组页岩储层的微观孔隙结构特征进行了表征。龙马溪组页岩储气空间以有机质孔隙和页理缝为主,其次为黏土矿物晶间孔和构造微裂缝。储层的沉积背景利于有机质与页理的发育,在后期埋藏—抬升过程中,由于超压释放在页岩中形成了大量页理缝,改善了页岩的储集能力和水平渗流能力。孔隙结构为孔隙型和裂缝-孔隙型,孔隙以中孔为主,直径主要分布在 24 nm 以下。孔隙组合形态表现为四周开放的平行板状孔隙及细颈广口的墨水瓶孔隙,孔隙度主体介于 3%～6% 之间,平均为 4.61%。水平渗透率主要介于 0.001～355 mD(1 mD=1×10^{-3} μm^2)之间,平均为 21.9 mD;垂直渗透率远远低于水平渗透率,普遍低于 0.001 mD,与同深度水平渗透率相差超过 3 个数量级。

涪陵页岩气田单井产量与地层压力具有密切关系,例如涪陵页岩气田压力系数达到 1.55 左右,单井日产量普遍在 10×10^4 m^3/d 以上;其东南 120 km 的彭水地区,压力系数在 0.9 左右,页岩气单井产量在 3×10^4 m^3 以下(王志刚,2015)。

根据对焦页 1 井样品测试,储层吸附气含量平均为 0.79 m^3/t;总含气量为 0.44～5.19 m^3/t,平均 1.97 m^3/t(冯爱国等,2013)。五峰组—龙马溪组从上往下含气量逐渐增高,单井产量更依赖于游离气含量。另外,产层脆性矿物含量高,石英含量大于 40%,利于压裂改造。

根据涪陵五峰组—龙马溪组海相页岩气田开发实践,有效的页岩气产层应具有以下特征:厚度大于 20 m,有机碳含量大于 1.0%,镜质体反射率大于 1.0%,孔隙度大于

3.0%，游离气含量大于 1.0 m^3/t，脆性矿物含量大于 30.0%，封闭条件好(如压力系数≥1.0)。

我国除了涪陵海相页岩外，在涪陵周缘的綦江地区、彭水地区的井均获得页岩气流，也有可能形成一定的产能；威远、长宁、富顺—永川地区均有井获得高产页岩气流，正在进行页岩气产能建设；鄂尔多斯盆地多口井也获得页岩气流，正在建设陆相页岩气示范工程。

第二章
我国页岩气基本地质条件

第一节　我国页岩层系分布与类型

我国地质构造具有多块体、多旋回、多层次特征,受复杂地质背景和多阶段演化过程的影响,我国富有机质页岩发育 3 种沉积类型,平面上可划分为 5 个大区,垂向上发育 10 套页岩气潜力层系,目前已在主要层系中获得了页岩气发现,初步证实了我国的页岩气资源潜力。

一、富有机质泥页岩沉积类型

在从元古代到第四纪的地质时期内,中国连续形成了从海相、海陆过渡相到湖相等多种沉积环境下的多套页岩层系(李景明等,2006;金之钧和蔡立国,2007;贾承造等,2007)。

海相富有机质页岩主要发育在南方和西部古生界的寒武系、奥陶系、志留系和泥盆系,具有分布面积大、沉积厚度稳定、热演化程度高等特点,以扬子克拉通地区最为典型。另外,青藏地区古生界和中生界海相页岩发育,热演化程度适中。

海陆过渡相富有机质页岩分布广泛,有机质类型复杂,热演化程度适中。北方地区石炭—二叠系富有机质页岩的单层厚度较薄且含多套煤层,其中沼泽相炭质页岩有机碳含量普遍较高,有机质类型主要为混合型和腐殖型。南方地区海陆过渡相富有机质页岩夹煤层,上二叠统页岩在滇黔桂地区、四川盆地及其外围均有分布。

从晚古生代开始,我国陆续开始发育陆相页岩,尤其在中新生代,我国北方地区普遍发育陆相富有机质页岩,如鄂尔多斯、松辽盆地等中生界,准噶尔盆地二叠系,渤海湾盆地古近系等。四川盆地及周缘的上三叠统—下侏罗统分布广、厚度大、有机质类型复杂、热演化程度适中。总体上,陆相富有机质页岩的地层时代较新,热演化程度普遍不高,局部地区以页岩油为主(表 2-1)。

表 2-1 我国富有机质页岩类型和特点

页岩类型	海相页岩	海陆过渡相页岩	陆相页岩
沉积相	深海、半深海、浅海等	潮坪、潟湖、沼泽等	
主要地层	下古生界—上古生界	上古生界,部分地区中生界	中生界—新生界
分布及岩性组合特点	单层厚度大,分布稳定,可夹海相砂质岩、碳酸盐岩等	单层较薄,累积厚度大,常与砂岩、煤系等其他岩性互层	累积厚度大,侧向变化较快,主要分布在拗陷和断陷沉积中心,常夹薄层砂质岩
主体分布区域	南方、西北	华北、西北、南方	华北、东北、西北、西南
有机质类型	Ⅰ,Ⅱ型为主	Ⅱ,Ⅲ型为主	Ⅰ,Ⅱ,Ⅲ型

二、富有机质泥页岩分布

(一)平面分布

我国页岩层系、分布、类型及地层组合特征分区特征明显(图 2-1)。

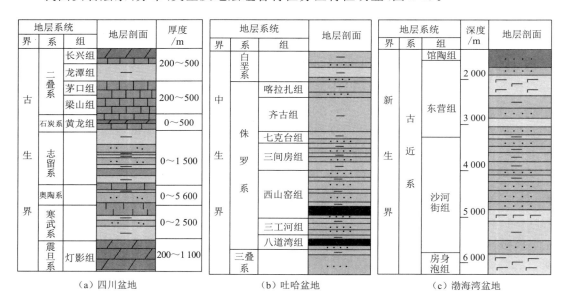

图 2-1 典型盆地富有机质页岩柱状图

下古生界富有机质泥页岩以海相沉积为主,主要发育在南方和西部地区的寒武系、奥陶系及志留系,其中上扬子及滇黔桂区海相页岩分布面积大,厚度稳定,有机碳含量高,热演化程度高;上古生界富有机质泥页岩以海陆过渡相沉积为主,石炭—二叠系富有机质页岩分布广泛,在鄂尔多斯盆地、南华北和滇黔桂地区最为发育,页岩单层厚度较小,常与砂岩、煤岩等其他岩性频繁互层;中—新生界富有机质泥页岩以陆相沉积为主,主要分布在北方鄂尔多斯、渤海湾、松辽、塔里木、准噶尔等盆地和南方四川盆地部分地区,表现为巨厚的泥页岩层系、泥页岩与砂质薄层韵律发育、单层厚度薄、夹层数量多、累积厚度大、侧向变化快、热演化程度普遍不高等特点。

依据页岩发育地质基础、区域构造特点、页岩气富集背景以及地表开发条件,可将我国的页岩气分布区域划分为上扬子及滇黔桂区、中下扬子及东南区、华北及东北区、西北区、青藏区5个大区,各区页岩气地质条件和特点差异明显(表2-2)。

表2-2　我国页岩分区特征表(据李玉喜等,2012修改)

地　区	主要单元	潜力层系	地质特点
上扬子及滇黔桂区	四川盆地及周缘、南盘江坳陷、黔南坳陷、桂中坳陷、十万大山盆地、百色—南宁盆地、六盘水盆地、楚雄盆地、西昌盆地等	下寒武统,下志留统,中、下泥盆统,下石炭统,上二叠统,三叠系,侏罗系	海相页岩厚度大,分布稳定,有机碳含量高,热演化程度高,后期构造作用强;上古生界围绕下古生界出露区呈环形分布,单层厚度较小,煤系地层发育;中生界分布于四川等盆地内,页岩累积厚度大,夹层发育
中下扬子及东南区	湘鄂下古、湘中上古、江汉、洞庭、苏北、皖浙、赣西北、萍乐、永梅等盆地和地区	寒武系、奥陶系、泥盆系、石炭系、二叠系、三叠系、古近系	中下扬子古生界构造变动复杂,后期改造强烈;上古生界页岩分布范围略小,东南地块岩浆热液活动频繁,保存条件较差
华北及东北区	松辽盆地及其外围、渤海湾盆地及其外围、沁水盆地、大同—宁武盆地、鄂尔多斯盆地及其外围、南襄盆地及南华北地区	奥陶系、石炭系、二叠系、三叠系、白垩系、古近系	上古生界页岩单层厚度较薄,累积厚度大,与砂岩互层;中生界陆相页岩分布广,厚度稳定,处于湿气阶段;新生界页岩累积厚度大,热演化程度较低,主体处于低熟—成熟生油气阶段
西北区	塔里木盆地、准噶尔盆地、柴达木盆地、吐哈盆地、三塘湖盆地、酒泉盆地	奥陶系、寒武系、石炭系、二叠系、三叠系、侏罗系、白垩系及古近系	下古生界主要分布在塔里木盆地台盆区,总体埋深较大,仅盆地边缘埋深较浅的区域可成为勘探开发有利区;上古生界页岩分布较广,但单层厚度较小;中生界以高有机碳含量为主要特征,成熟度较低,累积厚度大,常夹有煤层

(二)垂向分布

我国页岩气资源潜力层系主要包括下古生界寒武系、奥陶系、志留系,上古生界泥盆系、石炭系、二叠系,中生界三叠系、侏罗系和白垩系,新生界古近系,共10个层系(表2-3)。

表2-3　我国10套主要富有机质页岩层系基本特点

含页岩层系	主体分布区域	沉积相类型	黑色泥页岩厚度/m	有机质类型	$TOC/\%$	$R_o/\%$
古近系	渤海湾盆地	陆相	>1 000	类型多样	0.3~3.0	0.5~1.5
白垩系	松辽盆地	陆相	100~300	腐泥型和混合型	0.7~2.5	0.7~2.0
侏罗系	吐哈、准噶尔盆地	陆相	50~600	混合型	0.2~6.4	0.4~2.5
三叠系	鄂尔多斯盆地	陆相	50~120	混合型	0.5~6.0	0.7~1.5

续表

含页岩层系	主体分布区域	沉积相类型	黑色泥页岩厚度/m	有机质类型	TOC/%	R_o/%
二叠系	滇黔桂、四川盆地及其外围	海陆过渡相	10～125	腐殖型	0.5～12.5	1.0～3.0
	准噶尔盆地	海陆过渡相	>200	偏腐泥混合型	4.0～10.0	0.5～1.0
石炭系	北方盆地	海陆过渡相	60～200	混合型和腐殖型	0.5～10.0	0.5～3.0
泥盆系	黔南、桂中等地区	海陆过渡相	50～600	混合型	0.3～5.7	1.5～2.5
志留系 奥陶系	上扬子地区	海相	30～100	腐泥型	1.0～5.0	2.0～3.5
寒武系	上扬子地区	海相	30～80	腐泥型	1.0～8.0	2.0～4.0
	中下扬子地区	海相	50～200	腐泥型和混合型	0.5～6.0	2.0～3.5

1. 下古生界富有机质页岩

下古生界海相富有机质页岩主要发育在南方和西部古生界的寒武系、奥陶系和志留系,具有分布面积大、沉积厚度稳定、热演化程度高等特点,以扬子克拉通地区最为典型。另外,青藏地区古生界和中生界海相页岩发育,热演化程度适中。

下寒武统海相富有机质页岩在中上扬子区发育较好,有机质类型为腐泥型和混合型。从区域沉积环境看,川东—鄂西、川南及湘黔3个深水陆棚区页岩最发育,有机碳含量高,一般为2%～8%。在上扬子地区,富有机质页岩厚度一般为30～80 m,有机碳含量为1.0%～6.0%,有机质类型为腐泥型,热演化参数镜质体反射率(R_o)主体介于2.0%～4.0%之间;在中下扬子地区,有机碳含量相对降低,有机质类型为腐泥型,R_o一般为2.0%～3.5%。

下志留统海相富有机质页岩主要分布在上扬子地区,川南至鄂西渝东和渝东北地区分布稳定,厚度为30～100 m,有机质类型以腐泥型为主,有机碳含量一般为1%～5%,热演化参数R_o介于2.0%～3.5%之间。中下扬子地区也有分布,相关指标略差。

2. 上古生界富有机质页岩

上古生界海陆过渡相富有机质页岩分布广泛,有机质类型复杂,热演化程度适中,但南北略有差异。

北方地区石炭—二叠系富有机质页岩的单层厚度较薄,且含多套煤层;有机碳含量一般介于0.5%～10.0%之间,变化较大;沼泽相炭质页岩有机碳含量普遍较高;页岩的有机质类型主要为混合型和腐殖型,R_o一般介于0.5%～3.0%之间,少部分超过3.0%。在准噶尔盆地,二叠系页岩累积厚度超过200 m,有机碳含量为4.0%～10.0%,有机质类型为偏腐泥混合型,R_o介于0.5%～1.0%之间。

南方地区海陆过渡相富有机质页岩层系间发育煤夹层,上二叠统页岩在滇黔桂地区、四川盆地及其外围均有分布;页岩厚度变化介于 $10\sim125$ m 之间,一般为 $20\sim60$ m,有机质类型以腐殖型为主,有机碳含量介于 $0.5\%\sim12.5\%$ 之间,平均 2.91%,R_o 一般介于 $1.0\%\sim3.0\%$ 之间。

总体上,我国上古生界海陆过渡相富有机质页岩,除上扬子及滇黔桂区之外,其他地区单层厚度不大,且多与煤、致密砂岩互层。

3. 中—新生界富有机质页岩

从晚古生代开始,我国陆续开始发育湖相页岩,尤其在中新生代,我国北方地区普遍发育了湖相富有机质页岩,如鄂尔多斯、松辽盆地等中生界,渤海湾盆地古近系等。

鄂尔多斯盆地三叠系湖相页岩发育,一般厚度为 $50\sim120$ m,有机碳含量介于 $0.5\%\sim6.0\%$ 之间,R_o 主要介于 $0.7\%\sim1.5\%$ 之间。松辽盆地白垩系富有机质页岩分布稳定,厚度为 $100\sim300$ m,有机质类型以腐泥型和混合型为主,有机碳含量介于 $0.7\%\sim2.5\%$ 之间,R_o 介于 $0.7\%\sim2.0\%$ 之间。在渤海湾盆地,古近系富有机质页岩分布受坳陷控制,局部累积厚度逾 1 000 m;有机质类型多样,但热演化程度相对较低。四川盆地及周缘的上三叠统—下侏罗统分布广,厚度大,有机质类型复杂,热演化程度适中。

第二节　我国页岩气勘探开发进展

美国卓有成效地大规模商业化开发页岩气资源,一举成为天然气生产大国,不仅显著改变了美国的能源形势,基本实现了天然气自给,而且对北美及世界天然气市场、能源格局及地缘政治产生了重要影响。全球已有 30 多个国家积极开展页岩气研究和勘探开发工作,页岩气资源发展势头强劲。

相对地,我国油气能源供给形势日趋严峻,石油天然气需求量和对外依存度持续攀高。2020 年,我国石油、天然气对外依存度分别攀升到 73% 和 43%(马永生,2020)。

页岩气资源是当前我国最具发展潜力和前景的清洁能源之一。党中央、国务院高度重视页岩气资源勘查、开发工作,多次作出重要批示。2012 年 3 月,温家宝总理在第十一届全国人大第五次会议政府工作报告中明确提出"加快页岩气勘查、开发攻关"。由发改委、财政部、国土资源部和国家能源局联合下发《页岩气发展规划(2011—2015)》,提出"通过国家科技专项等,加大对页岩气勘探开发相关技术研究的支持力度"。2014 年 6 月,习近平总书记在中央财经领导小组第六次会议上强调,从国家发展和安全的战略高度,着力推进能源消费革命、能源供给革命、能源技术革命和能源体制革命,形成包括页岩气等新能源在内的多轮驱动能源供应体系。李克强总理在 2014 年政府报告中将"加强天然气、煤层气、页岩气勘探开采与应用"列为国务院重点工作。同年 8 月,张高丽副总理要求积极推进页岩气勘查开发和技术攻关,放开市场,引入社会资本,争取取得实际成果,为能源安全保障作出贡献。

2009 年以来,国土资源部开展了页岩气资源潜力评价及有利区带优选,进行了两轮页岩气勘查区块招标,中国地质调查局在中央财政的支持下,从 2012 年开始持续在全国范围内开展页岩气资源钻探和调查评价,发挥了公益引领作用。国家发改委、财政部、商务部、科技部、环保部、国家能源局等部委,在鼓励外商投资、加大财政补贴、引导产业发展、建设示范区、推进科技攻关等方面推出了系列政策措施。国家能源局 2015 年年底正式批准并发布《页岩气藏描述技术规范》等 96 项能源行业标准,涉及煤炭行业、页岩气开发、水电、抽水蓄能电站、生物质发电等,并于 2016 年 3 月 1 日起实施。

地方政府、石油企业、高等院校及科研院所也积极开展页岩气理论研究与勘探开发实践。贵州、江西、山西、湖南、湖北、安徽、内蒙古、重庆等省区市地方政府自筹资金,推进辖区内页岩气资源调查工作。页岩气招标区块相继在龙马溪组、牛蹄塘组、华北石炭—二叠系开展了页岩气钻井,并获得了良好的页岩气发现。中国石化、中国石油、延长石油、中国海油、中联煤层气公司及页岩气中标企业积极推进页岩气勘查开发,在四川盆地下古生界海相页岩气勘查开发取得重大突破,在四川盆地及周缘侏罗系陆相、鄂尔多斯盆地三叠系陆相和华北海陆交互相页岩气勘查取得重要发现,在重庆涪陵、四川长宁—威远等示范区率先开展页岩气产能建设。我国成为继美国、加拿大之后第三个实现页岩气商业开发的国家。

一、页岩气勘探发现

自 2009 年以来,我国多套富有机质泥页岩层系中均发现了活跃的页岩气显示,部分层段据 2015 年我国油气资源动态评价,我国页岩气地质资源量为 121.86×10^{12} m^3,可采资源量为 21.81×10^{12} m^3(国土资源部油气资源战略研究中心,2016,2017),显示了我国良好的页岩气富集条件与勘探开发前景。

1. 震旦系页岩气显示

在湖北秭归县秭地 1 井中,下寒武统牛蹄塘组发现厚度 100 m 页岩;震旦系陡山沱组页岩厚 145 m,含气量达 $2 \sim 4$ m^3/t,点火获得成功。

2. 下古生界页岩气显示

在四川威远、重庆城口、贵州岑巩、湖北宜昌等地下寒武统牛蹄塘组和下志留统龙马溪组两套海相页岩层系中,已发现广泛的页岩气显示,抬隆区和盆地区均有发现。此外,川西南威远地区金页 HF-1 井在下寒武统筇竹寺组首获高产页岩气流,压裂获日产量 8×10^4 m^3/d;在湖北宜昌宜地 2 井钻遇天河板组,发生井喷,喷出气体可燃。

(1)抬隆区:重庆地区的渝页 1 井、渝科 1 井、渝参 4 井、渝参 7 井、渝参 8 井、酉页 1 井、城浅 1 井、巫浅 1 井等,贵州地区的岑页 1 井、习页 1 井、道页 1 井、桐页 1 井、松浅 1 井、乌页 1 井、麻页 1 井、黄页 1 井等,湖南地区的桑页 1 井、慈页 1 井、常页 1 井等,湖北地区的秭地 1 井等分别钻遇了厚层下志留统龙马溪组和下寒武统牛蹄塘组暗色页岩,浸水试验、岩芯解吸、气测显示、测井解释等各方面资料都证实了页岩气的存在,含气量为 $0.5 \sim 3.0 \ \mathrm{m^3/t}$。

(2)盆地区:四川盆地威远地区威 201 井在下志留统龙马溪组钻遇大套高伽马、高电阻的页岩,罐顶气录井见到较好的页岩气显示,压裂测试峰值产量 21 000 $\mathrm{m^3/d}$,稳定产量 5 000 $\sim$ 6 000 $\mathrm{m^3/d}$。威 5、威 9、威 18、威 22 和威 28 等井下寒武统页岩均见气侵、井涌和井喷,其中威 5 井,钻遇 2 795 $\sim$ 2 798 m 页岩段发现气侵与井喷,测试日产气 2.46×10^4 $\mathrm{m^3}$,酸化后日产气 1.35×10^4 $\mathrm{m^3}$。长宁—威远国家级页岩气示范区威 202 井区日产量 113×10^4 $\mathrm{m^3/d}$,威 204 井区日产量 203×10^4 $\mathrm{m^3/d}$,宁 201 井区日产量 220×10^4 $\mathrm{m^3/d}$(中国石油网,2015 年 12 月 4 日)。阳深 2、宫深 1、付深 1、阳 63、阳 9、太 15 和隆 32 七口井在下奥陶统龙马溪组发现气测异常 20 处,其中阳 63 井 3 505.0 $\sim$ 3 518.5 m 黑色页岩酸化后,产气 3 500 $\mathrm{m^3/d}$;隆 32 井 3 164.2 $\sim$ 3 175.2 m 黑色炭质页岩初产气 1 948 $\mathrm{m^3/d}$。高科 1 井、方深 1 井的下寒武页岩以及丁山 1 井、林 1 井的下志留统龙马溪组也发现了气测异常。云南昭通国家级页岩气示范区完钻 10 余口井,日产气 0.25×10^4 $\mathrm{m^3}$,水平井日产气 1.5×10^4 $\sim$ 3.6×10^4 $\mathrm{m^3}$。

3. 上古生界页岩气显示

沁水盆地石炭—二叠系沁 1 井、沁 2 井、沁 4 井、畅 1 井、老 1 井、阳 2 井 6 口井的 12 个井段气测显示异常,显示厚度为 1.2 $\sim$ 100.0 m,累积厚度为 473.7 m;老 1 井、畅 1 井录井气测异常明显。湖南湘中湘页 1 井于二叠系大隆组获页岩气气流。

北方地区尉参 1 井是油气调查中心在太康隆起西部新区部署实施的首口上古生界油气参数井,气测显示 69 层,钻遇泥页岩厚度 465 m,含气量 4.5 $\mathrm{m^3/t}$。牟页 1 井是中牟区块第一口页岩气探井,在石炭—二叠系发现 10 层页岩储层,厚 277.6 m,压裂试气约 3 000 $\mathrm{m^3/d}$。

4. 中生界页岩气显示

鄂尔多斯盆地三叠系延长组页岩在钻井过程中气测异常活跃,柳评 171 井、柳评 177 井、柳评 179 井、新 57 井、新 59、延页 1 井等日产量均在 2 000 $\mathrm{m^3/d}$ 以上,富 18 井、庄 167 井、庄 171 井等在长 7、长 8 页岩段出现明显的气测异常。

四川盆地建南构造建 111 井下侏罗统自流井组东岳庙段测试获日产量近 4 000 $\mathrm{m^3/d}$ 工业气流;元坝地区下侏罗统自流井组大安寨段和东岳庙段泥页岩测试压裂获日产量 (13.97 $\sim$ 23.78) $\times 10^4$ $\mathrm{m^3/d}$ 工业气流和 1.15×10^4 $\mathrm{m^3}$ 低产气流。涪陵大安寨地区涪页 HF-1 井针对下侏罗统自流井组大安寨段页岩油气层段完成 10 段压裂,水平段长 1 136.75 m,水平段油气显示良好,产量 1 107 $\mathrm{m^3/d}$。

准噶尔盆地中下侏罗统暗色泥岩中,柴 3 井录井共发现气测异常 9 层,其中 4 段为页岩,厚度 2.4 $\sim$ 12.0 m,累积厚度 21.5 m。

5. 新生界页岩油气显示

泌阳凹陷安深 1 井(直井)在古近系核桃园组实施特大型压裂作业后,获日产原油 3.76 m³ 的效果。渤海湾盆地的辽河坳陷、济阳坳陷、东濮坳陷以及南华北盆地的泌阳凹陷、江汉盆地、苏北盆地的古近系页岩层系中均见到了较好的页岩油气显示。

我国目前仍处于页岩气勘探开发探索阶段,但丰富的页岩气发现已使我国页岩气资源潜力初露端倪。

二、页岩气开发现状

我国富有机质页岩层系多、分布广,地质条件复杂,经过近 10 年的勘探开发实践、技术攻关和理论探索,在页岩气资源潜力评价、基础理论、关键技术及装备体系等方面均取得了长足进步。作为北美之外最大的页岩气生产国,截至 2020 年,四川盆地上奥陶统五峰组—下志留统龙马溪组相继发现涪陵、威荣、长宁、威远、昭通和永川 6 个大中型页岩气田,累积探明地质储量超过 2×10^{12} m³(蔡勋育等,2020),2020 年全国实现页岩气产量 200×10^8 m³。

中国石化涪陵页岩气田是我国第一个投入大规模商业开发的页岩气田。2012 年 11 月 28 日,涪陵焦石坝地区的焦页 1HF 井放喷求产试获日产 20.3×10^4 m³ 工业气流,实现了我国页岩气勘探重大突破;2013 年 1 月 9 日,该井投入试采,日产气 6×10^4 m³,正式拉开我国页岩气商业开发的序幕。2014 年 3 月 24 日,我国第一个页岩气田——涪陵页岩气田进入商业开发。到 2014 年 12 月,开钻 149 口井,完钻 120 口井,完成压裂试气 49 口井,累计产气 11.36×10^8 m³,销售 10.88×10^8 m³。截至 2015 年 8 月底,开钻 253 口井,完钻 204 口井,压裂投产 142 口井,单井平均日产量 32.72×10^4 m³/d,最高 59.1×10^4 m³/d;总日产量超过 $1\,200 \times 10^4$ m³/d,累计产气 25×10^8 m³;已建成年产能 50×10^8 m³。"十三五"期间,中国石化实现了涪陵页岩气田储量产量规模持续增长,深层、常压页岩气攻关取得重大突破,页岩气提高采收率技术攻关取得良好效果;页岩气勘探开发理论认识不断深化,配套工程工艺技术实现升级换代。截至 2020 年,中国石化累积探明页岩气地质储量 $9\,400 \times 10^8$ m³,除涪陵页岩气田外,主要分布于盆内威荣、永川、丁山、东溪深层页岩气区块及盆缘平桥南—东胜、武隆、道真常压页岩气区块(蔡勋育等,2020)。2020 年,涪陵、威荣页岩气田五峰组—龙马溪组海相页岩实现页岩气产量 84×10^8 m³(邹才能等,2020)。

中国石油以四川盆地埋深 $3\,500$ m 以浅的海相页岩区为重点,"十三五"期间加快页岩气开发步伐,截至 2019 年底,累积探明页岩气地质储量 $10\,610 \times 10^8$ m³,2019 年生产页岩气 80.3×10^8 m³。2020 年 10 月 10 日,长宁—威远国家级页岩气示范区长宁区块日产气量达到 2.026×10^7 m³/d。2020 年,中国石油在蜀南的长宁、威远和昭通等区块实现页岩气产量 116×10^8 m³(邹才能,2020)。

此外,陕西延长石油(集团)有限责任公司、中国华电集团公司和神华集团有限责任公司等投入超过 50 亿元人民币,在四川盆地以外开展了大量的海相、陆相和海陆过渡相页岩气的勘探评价工作(匡立春等,2020)。

三、展　望

邹才能等(2020)预判,2025 年我国页岩气产量将达到 300×10^8 m^3,将主要来自四川盆地中浅层(4 000 m 以浅);2030 年页岩气有望落实的年产量为 $(350 \sim 400) \times 10^8$ m^3,其中海相深层是未来页岩气产量增长的主力。尽管我国页岩气主要产自五峰组—龙马溪组海相页岩,但在鄂尔多斯、四川、渤海湾、柴达木等盆地已证实存在石炭—二叠系海陆过渡相页岩气(匡立春等,2020)。近年来,中国石油、中国石化、自然资源部等针对海陆过渡相页岩气进行了积极探索,完钻页岩气井 100 余口,在石炭系、二叠系等多套页岩地层发现页岩气(郭旭升等,2018;匡立春等,2020),展现出我国海陆过渡相页岩气良好的勘探开发前景。

第三节　薄互层岩系多类型天然气共生

薄互层岩系通常由泥页岩、煤岩、砂岩、碳酸盐岩等岩性频繁叠置构成。该类层系在我国上古生界—新生界中广泛分布,具有页岩气、煤层气、致密砂岩气及常规气共生的有利条件,实践中常见气测显示整体活跃。但由于单层厚度薄,开发单种气资源难以获得经济效益,所以多类型天然气的综合勘探开发将是重要领域。本节以吐哈盆地吐鲁番坳陷侏罗系八道湾组薄互层岩系为例,探讨薄互层岩系地质特征和多类型天然气共生条件。

一、概　述

薄互层岩系主要形成于海陆过渡和湖沼环境,是页岩气、煤层气、致密砂岩气、常规气共生的有利层系。不同类型天然气多层叠置、复合连片聚集。由于每类储层厚度都薄,煤层气、页岩气、致密砂岩气和常规气有时难以明确区分,形成独特的多类型资源叠置共生的特征。

薄互层岩系可以具有很好的整体含气性,但在薄互层岩系中进行单一类型天然气开发难以获得经济效益。这是因为层系内单层厚度薄、单类型资源丰度低、单一开发产量低,开采技术要求高、开发成本难以控制等。若将层系内的多类资源视为一体并对其进行共探共采,则天然气资源丰度将会大为提高,开发的综合成本将会明显降低,从而使不具备工业价值的层系具备经济价值和开采效益。

薄互层岩系天然气勘探开发在美国、澳大利亚、加拿大等国已经取得成功。美国中西部的圣胡安、拉顿、风河、汾河、瓦沙奇、皮森斯等盆地,薄互层煤系含气量均整体偏高,其中皮森斯盆地的煤层气和致密气共采先导性试验已获得成功,单井产气量在 10 000 m³/d 左右,其中 60% 来自煤层,40% 来自致密砂岩层。加拿大西部的阿尔伯达地区,天然气混合开采试验区的产量达到 21.8×10⁶ m³/d。澳大利亚苏拉特和莫拉通盆地也以瓦隆薄互层煤系为单元进行天然气整体开发。

我国多类型天然气综合勘探开发刚刚起步。近年来,在鄂尔多斯盆地东缘、准噶尔盆地南缘、贵州西部六盘水和辽西地区等相继开展了探索性研究和少量试采。在沁水盆地南部石炭—二叠系薄互层岩系,气测指示煤层气、页岩气、致密砂岩气共生显示强烈。在黔西地区上二叠统龙潭组开展的煤系地层天然气综合开采试验中,Z2 井产能突破 2 000 m³/d。

多类型天然气的综合开发是必然趋势,多层合探、合层共采是使薄互层岩系中多类边际资源商业化开发的有效途径。多层叠置型天然气资源也已引起不少学者重视,并开始了初步探索,在针对多层叠置"三气"共采中的压裂裂缝的模拟实验、薄互层含气系统排采的能量分布与压力控制及薄互层层间干扰等方面取得了一定进展。但薄互层岩系储层类型多样,生储聚条件交叉叠置分布,含气关系异常复杂,阻碍了多类资源共探共采目标的推进和实现。

二、地质背景

吐哈盆地位于我国新疆维吾尔自治区东部,呈条带状展布,是我国西北主要的含煤、含油盆地之一。构造上吐哈盆地发育在塔里木板块、西伯利亚板块和哈萨克斯坦板块的交接部位,从地貌上看其是天山山系内的一个山间盆地,其北靠博格达山,南临觉罗塔克山。吐哈盆地被划分为吐鲁番坳陷、哈密坳陷和了墩隆起 3 个一级构造单元,其中,吐鲁番坳陷包括托克逊凹陷、台北凹陷、科牙依凹陷、布尔加凸起和艾丁湖斜坡(包括台南次凹、鲁西凸起和塔克泉凸起)5 个二级构造单元(图 2-2)。

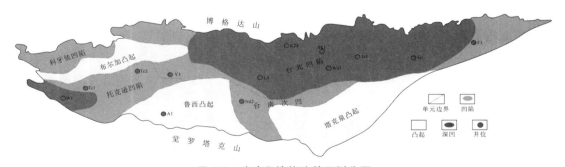

图 2-2 吐哈盆地构造单元划分图

吐鲁番坳陷在早—中侏罗纪时期古气候潮湿温暖、草木繁茂,植被覆盖了大部分地区,于是在北陡南缓的古地理背景上沉积了厚约 2 000 m 的煤系地层。这套含煤地层是吐鲁番坳陷内最重要的烃源岩系,从下至上包括八道湾组、三工河组以及西山窑组。八道湾组主要由煤岩、页岩、砂砾岩夹粉砂岩组成,沉积环境为河流—三角洲相;三工河组以湖泊相厚层页岩夹砂岩为主;西山窑组为湖泊三角洲相,岩性为砂泥岩互层夹厚煤层。

八道湾组为一套薄互层岩系(图2-3),托克逊凹陷最为发育,其次为台北凹陷,沉积厚度120~800 m不等。八道湾组沉积经历了缓坡浅水河流、三角洲、泛滥平原和滨浅湖几个阶段。八道湾组沉积早期,雨水充沛,河流广布,普遍沉积了正粒序、交错层理发育的河流相砂砾岩,后期水体逐渐平静,沼泽环境扩大,发育一套含煤沉积;八道湾组沉积晚期,沉积环境由辫状河三角洲前缘水下河道,逐渐过渡为前三角洲、滨浅湖,

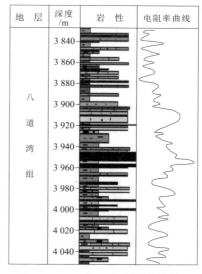

图 2-3　WS1井八道湾组岩性剖面

在三角洲分流间湾处形成沼泽环境的煤层,煤层之上又发育了粒度稍细的远砂坝沉积。

三、储层空间叠置

1. 垂向组合

在吐鲁番坳陷内自西向东选取完整钻穿八道湾组的20口井,精细刻画、统计分析八道湾组煤岩、页岩和砂岩的层数、厚度及其组合关系(图2-4)。

20口井中,八道湾组厚度144~651 m,其中煤层厚度占比1%~35%,页岩厚度占比7%~61%,砂岩厚度占比20%~76%。煤岩1~20层,其中多数井中单层厚度小于10 m的层占70%以上,单层厚度小于5 m的层占50%以上;页岩4~30层,其中单层厚度小于10 m的层占50%以上,半数井占70%以上,单层厚度小于5 m的层可占20%~100%,半数井在40%以上;致密砂岩5~44层,其中单层厚度小于10 m的层占50%以上,半数井占60%以上,单层厚度小于5 m的层可占20%~80%,半数井在30%以上。单井中,厚度与层数呈正比关系,厚度越大层数越多(图2-4a)。

西部托克逊凹陷八道湾组厚度大、层数多,WS1井、WS2井、TC2井厚度均大于600 m,其中TC2井由20层煤(平均厚度3.9 m)、26层页岩(平均厚度7.8 m)和44层砂岩(平均厚度8.4 m)组成。台北凹陷煤层较少,在代表井SK1井中,八道湾组厚度318 m,由3层煤(平均厚度11 m)、22层页岩(平均厚度7.1 m)和18层砂岩(平均厚度7.1 m)组成。

煤层、页岩层和砂岩层无论是从层数比例还是厚度比例,都有3种比例关系(图2-4b):第Ⅰ种砂岩层数/累积厚度＞页岩层数/累积厚度＞煤层数/累积厚度,例如TC2,ZH1,ND2等井;第Ⅱ种页岩层数/累积厚度＞砂岩层数/累积厚度＞煤层数/累积厚度,例如Y1,WS1,SK1等井;第Ⅲ种煤层比例较高,与砂岩层数接近,页岩层比例最低,例如TC1,TB1,TB3等井。

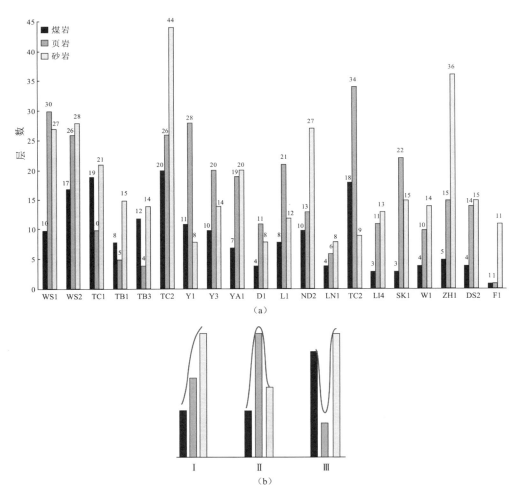

图 2-4 八道湾组煤岩、页岩、砂岩的层数与厚度组合关系

基于煤岩-页岩-砂岩的空间组合特征,结合沉积环境,将薄互层岩系储层垂向组合层序划分为 3 种类型(图 2-5),这 3 种组合类型也是天然气成藏系统划分的基础。

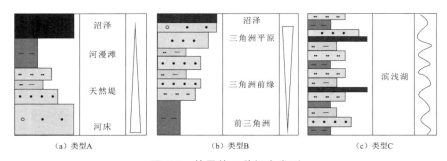

图 2-5 储层的 3 种组合类型

类型 A:河流环境砂-页-煤正韵律组合。该组合下部为河道砂粗粒沉积,向上过渡为堤岸和河漫微相,正韵律沉积,河道间或辫状水系之间的河漫中会出现长期发育的沼泽,

形成较厚煤层。较厚煤层与页岩互层,与砂岩不接触。例如 Y3 井、SK1 井、WS1 井八道湾组下半段均为此种类型,三者比例以Ⅰ型为主。

　　类型 B:湖相三角洲环境页-砂-煤反韵律组合。该组合发育在湖相三角洲向湖推进层序中,整体为向湖推进的反韵律层序,组合下部为前三角洲页岩,向上依次为三角洲前缘和三角洲平原,煤层发育在三角洲平原分支河道间湾,因此煤层与水下河道砂层接触叠置,位于反韵律上部。例如 TC2 井八道湾组上段即该种类型,三者比例以Ⅰ和Ⅱ型为主。

　　类型 C:浅水湖盆砂-煤-页叠置组合。浅水湖盆、滨湖地带水体升降变化频繁,煤层较薄或无,若发育煤层表明阶段性局部淤浅形成沼泽,煤层分布面积广,稳定性好,薄煤层与薄层页岩、砂岩叠置。例如 SK1 井八道湾组中段即该类型,三者比例以Ⅲ型为主。

2. 剖面和平面组合

　　剖面对比显示,八道湾组从下到上按照 A 型、C 型和 B 型依次叠置。在托克逊凹陷东西向剖面上,可见八道湾组 3 段特征清楚,可分为上、中、下 3 段,下段发育粗粒砂岩,煤层较厚,正韵律;中段以薄互层为主;上段呈反韵律,页岩厚度较大。这种组合反映了八道湾组沉积早期沉积环境以河流相为主;中期地壳缓慢下沉,转变为滨浅湖相;晚期碎屑入湖,三角洲逐渐向湖推进(图 2-6)。

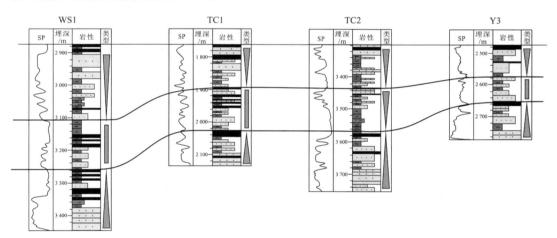

图 2-6　托克逊凹陷八道湾组东西向连井剖面

　　八道湾组煤层厚度最大值分别在台北凹陷 TC2 井附近(最大厚度大于 200 m)和托克逊凹陷 TC1 井东侧(最大厚度大于 170 m)。页岩厚度在托克逊凹陷向东增厚,在 Y1 井南侧最大厚度超过 260 m;在台北凹陷 TC2 井和 SK1 井附近厚度较大,多大于 100 m。砂岩厚度向凹陷边缘增厚,最大厚度达 400 m(图 2-7)。

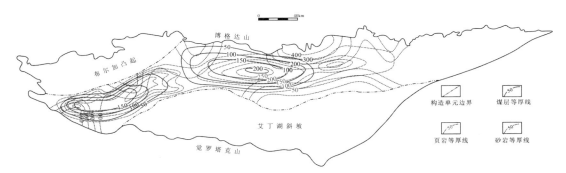

图 2-7　八道湾组煤、页岩及致密砂岩厚度等值线图(单位 m)

四、生气灶叠置

1. 气源岩地化特征

八道湾组具有生气能力的岩层包括煤岩、炭质泥岩和页岩,实际上三者并不存在截然界限。从全岩显微组成上看,各类组分含量呈渐变关系(图 2-8)。煤岩、炭质泥岩、页岩镜质组含量依次降低,腐泥组含量逐渐增高。煤岩中镜质组含量在 80% 以上,腐泥组含量在 5% 以下;页岩中镜质组含量在 50% 以下,腐泥组含量在 60% 以上;炭质泥岩介于二者之间。从有机质丰度方面看,煤岩多大于 10%,最高达到 80%;页岩在 0.5%～3.0% 范围内,一般沉积水体越深,TOC 越高;炭质泥岩介于二者之间。

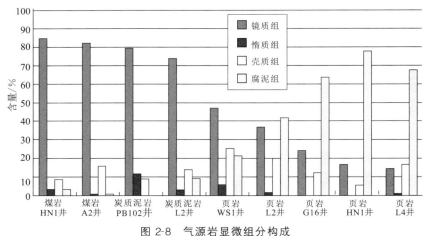

图 2-8　气源岩显微组分构成

八道湾组煤岩的有机质类型为 Ⅲ 型,页岩以 $Ⅱ_2$ 型为主。研究区凹陷主体部位均已进入成熟门限,镜质体反射率 $R_o=0.7\%～1.3\%$。

根据中国石油吐哈油田公司勘探开发研究院的热模拟实验,在凹陷不同位置的不同岩性样品,随成熟度增加生气率增加,在 $R_o>1.0\%$ 时快速增加。当 $R_o<1.15\%$ 时,煤岩生气率高于页岩;当 $R_o>1.15\%$ 时,页岩生气率快速增加,超过煤岩。

已有研究表明,镜质组、木栓质体、沥青质体和树脂体主生气窗在R_o＝0.4%～0.7%;藻类体、角质体、孢子体主生气窗相对较晚,约在R_o＝0.85%以上,在R_o＝1.2%以上时,腐泥组进入生气高峰。结合吐鲁番坳陷煤岩、页岩显微组成来看,煤岩以镜质体为主,生气较早,在埋藏相对浅处,煤岩生气率高于页岩,在埋藏较深的部位,煤岩生气率增加变缓,页岩中的腐泥组开始进入主要生气窗。从生气率增长曲线来看,R_o在1.1%～1.4%之间时生气率增速最快(图2-9)。

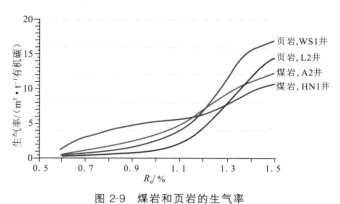

图2-9 煤岩和页岩的生气率

2. 煤岩生气灶与泥页岩生气灶

依据各井气源岩累积厚度、代表样品产气率及R_o平面分布,可以分别得到煤岩和气源岩的累积生气强度(图2-10)。由于吐哈盆地地温梯度较低(2.5 ℃/100 m),凹陷内R_o大多处于0.5%～1.2%之间,埋深较大处不超过1.3%,此阶段主要处于煤岩的生气高峰窗,煤岩生气率高于页岩。因此煤岩虽然累积厚度低于页岩,但煤岩累积生气强度约为页岩的2倍。煤质烃源岩累积生气强度最大值约4.55×10^9 m^3/km^2,泥质烃源岩累积生气强度最大值约2.23×10^9 m^3/km^2。

煤岩生气中心和页岩生气中心平面上不重合,在托克逊凹陷,页岩生气高值区分布在凹陷西南部深洼区,煤岩生气中心向其北东方向偏移;在台北凹陷,页岩生气高值区更靠近凹陷北侧深埋区,煤岩生气中心在其南部成熟度适中区。

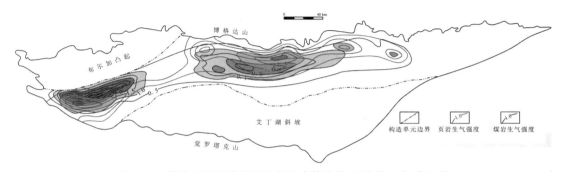

图2-10 煤岩和泥页岩累积生气强度等值线图(单位 10^9 m^3/km^2)

五、储集特征

研究区八道湾组主体埋深 2 800~4 200 m。根据页岩全岩 X 射线衍射定量分析,页岩石英含量 40%~50%,长石含量 10%~15%,黏土含量 40%~45%,孔隙度主要范围为 0.40%~3.25%,平均为 1.53%;渗透率极低,平均为 0.05×10^{-3} μm^2。

砂岩储层致密,孔隙度均小于10%(图 2-11)。依据柯柯亚地区 191 个砂岩样品,孔隙度 3%~4% 的占 30% 以上,4%~5% 的占 23%,5%~6% 占 21%,2%~3% 占 12%,6%~9% 的占 13% 左右;渗透率小于 0.05×10^{-3} μm^2 的占 42% 以上,$(0.05~0.1) \times 10^{-3}$ μm^2 的占 16% 左右,$(0.1~0.5) \times 10^{-3}$ μm^2 的占 33%,$(0.5~1) \times 10^{-3}$ μm^2 占 5% 以下。

煤的基质孔隙度和孔径很小,基质孔隙度一般小于 6%,对渗透率基本无贡献。煤层渗透率的大小主要依赖于煤层裂缝割理发育和开启程度,它们在地应力作用下被压缩会导致渗透率急剧降低,通常小于 1×10^{-3} μm^2。因此,煤层渗透率随埋深增大而衰减的速度会越来越慢。

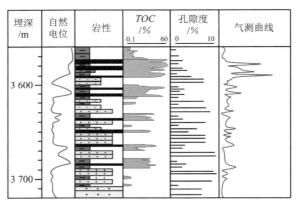

图 2-11 TC2井八道湾组部分井段储层特征

六、含气特征

埋深中—浅部的煤层具有较高的生气率和良好的储集能力,吸附能力强,往往具有较高的含气量。但煤层具有较高的温度和应力敏感性,这种效应随埋深的增大变得更为显著,随着埋深增大,温度敏感性使得深部煤储层吸附性减弱,应力敏感性造成深部煤层孔渗性恶化,两方面因素综合作用下导致存在一个煤层含气量的临界深度,在临界深度以浅,地层压力的影响更为显著,临界深度以深则温度起着更为重要的作用。以这一临界深度为拐点,深部煤层含气量比浅部要低(图 2-12)。

页岩储层含有 II_2 型有机质,随着埋深增加,温度升高使生气量增加,压力增高使吸附量增加,埋深较大时,页岩储层在较高应力下可形成微裂缝,进一步提高游离气的含量,因此总体上页岩储层总含气量随埋深增加而逐渐增加。

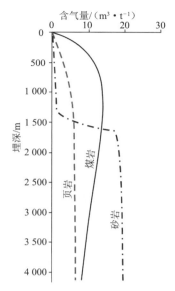

图 2-12　煤岩、页岩和致密砂岩含气量随深度变化的示意图

　　埋深较浅时,生气量较小,气源岩生成的气吸附在源岩中,排出较少,砂岩储层基本不含气,随着埋深增加,煤岩和页岩生气量快速增加,吸附饱和后向互层其间的砂岩排出天然气,进入邻近的已致密的砂岩中。在薄互层岩系中,煤岩、砂岩、页岩互层的关系使得排出效果良好,致密砂岩具有较好的孔隙渗透性,含气性快速提高。

　　总之,在埋深浅部,煤岩具有最高的含气量,埋深较大时,煤岩的含气量有所降低,页岩含气量增加,致密砂岩具有最高的含气丰度。由于煤岩的生气率更高,所以与煤岩邻近的储层中往往含气性更好。

　　综上所述,对于由页岩、煤岩、致密砂岩等岩性频繁叠置构成的薄互层岩系,应把不同类型天然气聚集看作一个整体,放在同一演化背景下开展研究。

　　对吐鲁番坳陷侏罗系八道湾组薄互层岩系的研究表明,煤岩、页岩和致密砂岩薄层在垂向上和剖面上的组合是有规律的,八道湾组被分为 3 种储层组合类型,它们的组合模式与沉积环境密切相关,也将影响含气系统的划分。煤岩与页岩都是薄互层岩系中的气源,二者在显微组分和岩石结构上存在明显差异。模拟实验表明,R_o 低于 1.15% 时,煤岩的生气率高于泥岩,R_o 高于 1.15% 时,页岩的生气率高于煤岩。虽然研究区主体范围内煤岩的生气率高于泥岩,但泥岩的累积厚度通常大于煤岩,这缩小了煤岩和页岩在生气强度上的差异,但二者生气中心的空间分布并不重叠。由于相变,煤岩和泥岩的互层组合关系在横向上呈规律性变化,二者的组合生气灶空间展布十分复杂,这将进一步影响层系内各段的含气性。煤岩、泥页岩、致密砂岩、碳酸盐岩等各类储层的孔隙结构和裂缝发育各具特点,在不同深度段它们的含气特征有各自不同的变化规律。因此在油气勘探时,应充分考虑不同深度段含气特征的不同。

第三章
页岩气评价技术

页岩气连续赋存于生气源岩和页岩层系中的粉砂岩、碳酸盐岩夹层中,一定压裂技术措施下可获得工业气流。无运移或极短距离运移,通常源储同层或密不可分。因此,页岩气地质评价通常以烃源岩和储层为核心开展,还要兼顾工程因素。

第一节 源岩评价

我国主要含油气盆地页岩沉积环境、相带分布及生排烃条件差异明显,源岩类型复杂多样,有机质丰度差异较大,热演化历史和母质类型不同,生烃门限和生烃总量方面也有较大差异,难以用统一的地球化学标准去评价。

1. 评价核心参数

有机质类型、TOC、R_o 及 (S_1+S_2) 是反映烃源岩品质好坏的关键参数,沉积结构可能控制了排烃效率。胡素云等(2019)认为,纹层状富有机质页岩排烃能力强。中国石油勘探开发研究院针对不同盆地实际情况采用不同的评价标准,见表3-1。

表3-1 部分重点盆地致密油主力烃源岩分级评价标准(据中国石油勘探开发研究院,2019)

盆 地	地 区	烃源岩	评价参数	分级标准		
				I	II	III
鄂尔多斯	湖盆中部	长7段	$TOC/\%$	>10	6～10	2～6
			$R_o/\%$	0.9～1.1	0.9～1.1	0.9～1.1
			$(S_1+S_2)/(mg \cdot g^{-1})$	30～80	10～30	5～15

续表

盆　地	地　区	烃源岩	评价参数	分级标准		
				I	II	III
松　辽	北　部	青一段、青二段	$TOC/\%$	>2.0	2.0～1.0	1.0～0.5
			$R_o/\%$	≥0.75	0.75～0.50	<0.50
			$(S_1+S_2)/(\text{mg}\cdot\text{g}^{-1})$	≥9.0	9.0～5.0	<5.0
	南　部	青一段、青二段	$TOC/\%$	>2.0	2.0～0.6	<0.8
			$R_o/\%$	1.0～0.7	0.7～0.5	<0.5
			$(S_1+S_2)/(\text{mg}\cdot\text{g}^{-1})$	>10.0	10.0～6.0	<6.0
准噶尔	吉木萨尔凹陷	芦草沟组	$TOC/\%$	>3.5	3.5～2.0	2.0～1.0
			$R_o/\%$	>1.0	1.0～0.9	<0.9
			$(S_1+S_2)/(\text{mg}\cdot\text{g}^{-1})$	>30	30～10	<10
三塘湖	马朗、条湖凹陷	芦草沟组	$TOC/\%$	>5.0	5.0～3.0	<3.0
			$R_o/\%$	1.3～0.7	0.7～0.5	<0.5
			$(S_1+S_2)/(\text{mg}\cdot\text{g}^{-1})$	>30	30～10	<10
柴达木	柴西南	上干柴沟组	$TOC/\%$	>0.8	0.8～0.6	0.6～0.4
			$R_o/\%$	1.0～0.8	0.8～0.7	0.7～0.5
			$(S_1+S_2)/(\text{mg}\cdot\text{g}^{-1})$	>0.4	4.0～2.0	2.0～0.5
		上干柴沟组下段	$TOC/\%$	>1.0	1.0～0.7	0.7～0.4
			$R_o/\%$	1.3～0.8	0.8～0.7	0.7～0.5
			$(S_1+S_2)/(\text{mg}\cdot\text{g}^{-1})$	>6.0	6.0～3.0	3.0～0.5
四川	川　中	大安寨段	$TOC/\%$	>2.0	2.0～1.5	1.5～1.0
			$R_o/\%$	1.05～0.85	0.85～0.70	0.7～0.6
			$(S_1+S_2)/(\text{mg}\cdot\text{g}^{-1})$	>8	8～4	<4

2. *TOC* 甜点识别与预测技术

国内外勘探实践证明,页岩的 *TOC* 在很大程度上控制着甜点的分布。目前,*TOC* 的空间预测方法主要是基于实验-测井-地震相结合。黄军平等(2017)总结出一套用地球物理资料探索地球化学数据的空间分布规律的方法,主要步骤包括:① 目的层 1～2 m 系统取样,开展分析测试,查明 *TOC* 纵向变化规律;结合扫描电镜、能谱等手段剔除砂岩 *TOC*,进行岩性精细归位,提高预测精度;进行地质(实验数据)-测井联合正演,优选合适的计算模型,构建 *TOC* 特征曲线。② 分析 *TOC* 测井响应特征和地震响应特征,实践证明,波阻抗＋地震波形指示反演可以提高 *TOC* 预测精度,解决波阻抗多解性问题。纵向上充分利用高分辨率的井资料,横向上充分利用空间分布密集的地震波形信息。结合测井 *TOC* 预测模型,利用地震波形相似性优选相关井样本,参照样本空间分布距离和 *TOC*

曲线分布特征建立初始模型,代替变差函数分析空间变异结构,对高频成分进行无偏最优化估计。测井联合高分辨率地震波形指示反演可以获得合理的 *TOC* 数据体,预测源岩 *TOC* 空间分布。③ 利用地层切片技术,进一步查明 *TOC* 空间分布非均质性,精细刻画 *TOC* 高值甜点区。

黄军平等(2017)在西部某盆地三维研究区,利用地震波形反演 *TOC*,结合地层切片技术,精确刻画了 *TOC* 空间分布(图 3-1),*TOC* 地震预测结果与实钻结果吻合,进一步证实了致密油气主要富集在高丰度源岩附近,为勘探部署方向调整提供了有利依据。

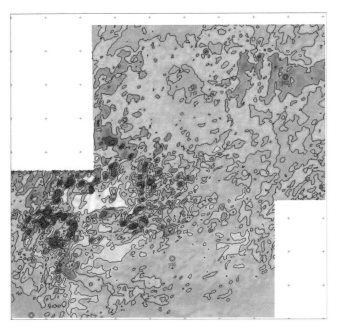

图 3-1 预测出的最大湖泛面 *TOC* 平面等值线图

3. 烃源岩含油性等级界定

直接反映烃源岩含油量的地球化学指标包括氯仿沥青"A"含量和热解烃量(S_1)。干酪根不仅是生成油气的主要物质,也是吸附油气的主要介质,因此卢双舫等(2012,2017)将 *TOC*、氯仿沥青"A"含量及 S_1 值相结合,对烃源岩含油量进行分级评价。

例如,松辽盆地南部地区主要烃源岩为嫩江组和青山口组,当烃源岩埋藏较浅、成熟度较低时,S_1 随 *TOC* 的增大呈线性增加。当烃源岩埋藏较深、成熟度较高时,S_1 随 *TOC* 的增大表现出明显的"三分性"特征:当 *TOC* 较高(>1.8%)时,S_1 为相对稳定的高值;当 *TOC* 较低(<0.8%)时,S_1 保持稳定低值;当 *TOC* 为 0.8%~1.8% 时,S_1 呈现明显上升趋势(图 3-2)。卢双舫等认为:① 稳定高值段表明当有机质的丰度达到一定的临界值(如 1.8%)时,所生成的油量总体上已能够满足烃源岩本身各种形式的残留需要,丰度更高时烃源岩含油量达到饱和,多余的油被排出。这类烃源岩的含油量最为丰富,是页岩油评价和勘探最现实的对象。② 在稳定低值段,由于有机质丰度低,生成的油量还难

以满足烃源岩自身残留需要,因此含油量还很低。由于其油量少且分散,以游离态分布于烃源岩孔隙中或吸附于有机质表面,难以被经济有效地开发。③ 介于其间的上升段的烃源岩含油量居中。在氯仿沥青"A"含量与 TOC 关系图上,同样具有上述"三分性"特征,而且所确定的分界点的 TOC 值也与上述值基本一致,进一步说明了这种"三分性"规律的存在。

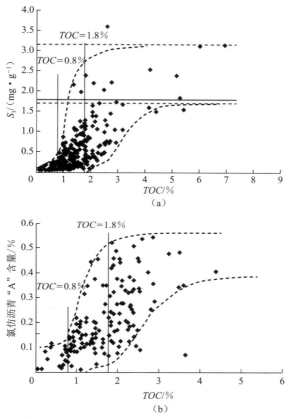

图 3-2　松辽盆地南部青山口组成熟烃源岩(埋深大于 1 100 m,R_o 大于 0.7%)
含油量与 TOC 关系图(据卢双舫等,2017)

我国东部其他含油气盆地主力烃源岩层在含油量与 TOC 关系图(图 3-3)上同样表现出"三分性",只是由于物源、沉积环境及矿物(包括有机质)组成的差异性,不同烃源岩层含油量"三分"的分界点有所不同(表 3-2)。我国主要含油气盆地在常规油气资源的勘探过程中已经积累了较多的地球化学分析数据,所以在老油区可以参照上述方法作出含油量与 TOC 的关系图以确定"三分"的界限标准。而在资料较少的探区或者新区,卢双舫等推荐使用 TOC 值为 1.0% 和 2.0% 作为分级评价的界限标准。与 TOC 界限标准相似,S_1 和氯仿沥青"A"含量的界限标准也因地而异。对资料较少的探区或新区,推荐应用如下分界点作为"三分"的标准:S_1 分别为 0.5 mg/g 和 2.0 mg/g,氯仿沥青"A"含量分别为 0.1% 和 0.4%。

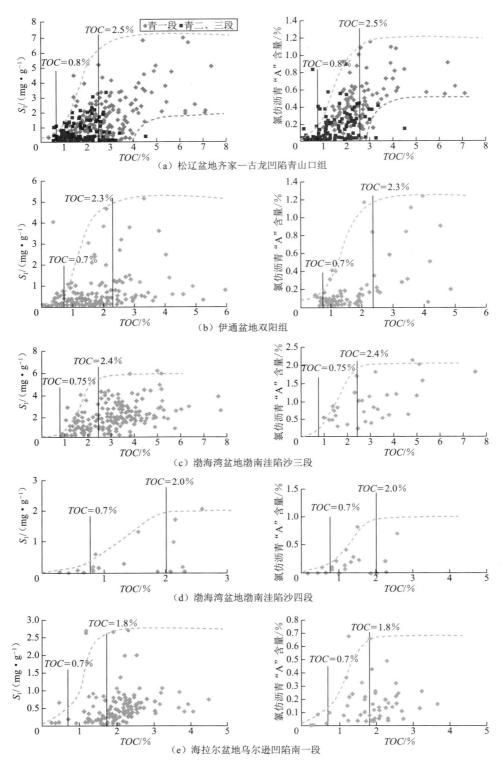

图 3-3 我国东部部分盆地主力烃源岩含油量与 TOC 关系图(据卢双舫等,2017)

表 3-2　我国东部部分盆地主力烃源岩含油量"三分"的分界值

盆　　地	烃源岩层位	TOC/%		$S_1/(mg \cdot g^{-1})$		氯仿沥青"A"含量/%	
		界限 1	界限 2	界限 1	界限 2	界限 1	界限 2
松辽盆地南部	青山口组	0.8	1.8	0.5	1.8	0.1	0.3
	嫩江组	1.2	2.6	0.5	1.8	0.1	0.4
松辽盆地齐家—古龙凹陷	青山口组	0.8	2.5	0.8	3.8	0.2	0.7
伊通盆地伊通断陷	双阳组	0.7	2.3	0.6	3.0	0.2	0.7
渤海湾盆地渤南洼陷	沙三段	0.75	2.4	0.5	3.2	0.25	1.0
	沙四段	0.7	2.0	0.3	1.1	0.2	0.6
海拉尔盆地乌尔逊凹陷	南一段	0.7	1.8	0.5	1.5	0.1	0.4

注:界限 1 代表页岩油分散资源与低效资源的分界;界限 2 代表页岩油低效资源与富集资源的分界。

用 TOC 界限标准与用 S_1 和氯仿沥青"A"含量界限标准所得到的结果会有一定的差别。鉴于 S_1 无法反映油中重质部分的含量,而氯仿沥青"A"含量不能反映 C_{14-} 烃类的含量,二者的观测值均低于实际的残留油量,且受成熟度影响大,而 TOC 相对比较稳定,因此应以 TOC 标准作为分级评价的主要依据。

当 TOC(原始有机碳含量)值较低时,烃源岩生成的油主要用于满足自身有机质和矿物吸附及孔隙存留的需要,难以大量排出。当 TOC 增大到一定值时,生成的油在满足了烃源岩自身各种形式的存留需要后,开始大量排出。因此,排油量与 TOC 关系曲线的拐点所对应的 TOC 值即优质烃源岩的下限。例如,松辽盆地南部嫩江组排油量与 TOC 关系曲线的拐点所对应的 TOC 值为 2.61%。

4. 成熟度界定

富含有机质只是页岩富含油气的基础,只有其中的有机质开始大量成油成气后,才可能导致页岩油气的富集。因此,TOC 指标还应结合成熟度才能有效界定致密油气烃源岩的分级评价标准。

卢双舫等(2012)认为,对于Ⅲ型有机质,无论其 TOC 多高,生成的油至多只能达到低效资源,难以成为勘探的主要对象;Ⅲ型有机质大量生气的成熟阶段可富集致密气。对于(偏)腐泥型的Ⅰ和Ⅱ型有机质,未熟阶段为无效油窗;在低熟和高熟阶段,因为成油量有限或油裂解成气,致密油至多只能达到低效资源级别;而其主成油期的成熟阶段为富集致密油窗,富集程度按 TOC 来划分(图 3-4)。

图 3-4 所示的油气窗是对一般的成油气模式而言的。由于不同地区有机质的成油阶段可能有明显的差别,油气窗对应的成熟度(R_o)会因地而异。例如,济阳坳陷主成油带对应的 R_o 为 0.3%～0.9%,比一般模式中的小,相应的富集油窗对应的 R_o 也应该较小(图 3-5)。

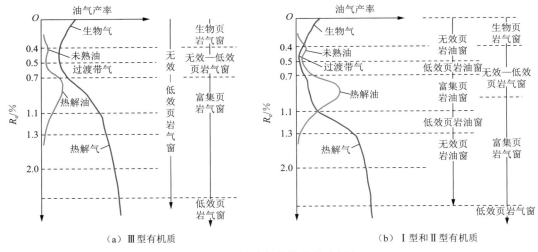

（a）Ⅲ型有机质　　　　　　　　　　　（b）Ⅰ型和Ⅱ型有机质

图 3-4　页岩油气窗的成熟度界定

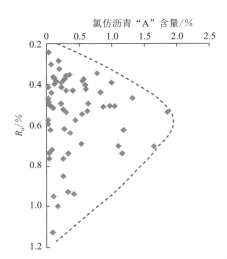

图 3-5　渤海湾盆地济阳坳陷沙四段烃源岩 R_o 与氯仿沥青"A"含量关系图

5. 排烃效率

页岩油气、致密油气均以近源聚集为主,除优质烃源岩分布规律外,烃源岩排烃效率的研究对页岩油气、致密油气资源潜力的分析也至关重要。排烃是油气从低渗透烃源岩向相对高渗透储层中排驱的过程。陈建平等总结了不同学者对排烃效率的认识和看法,并在大量样品分析的基础上建立了湖相烃源岩在地质条件下的生、排烃模式。一般认为,随着烃源岩热演化程度的增高,烃源岩排烃效率逐渐增大。然而,目前对低熟烃源岩的排烃效率研究较少,忽视了断陷湖盆低熟烃源岩的资源潜力。

王媛等(2019)对辽河西部凹陷雷家地区沙河街组四段半深湖相 L36 井烃源岩样品进行了排烃效率实验,L36 井沙四段整段含油,烃源岩成熟度较低。取样深度 2 687 m,样品岩性为纹层状云质页岩,实测 TOC 为 8.58%,R_o 为 0.32%,S_1 为 0.81 mg/g,S_2 为

46.37 mg/g。用金管封闭体系中岩石排烃效率模拟装置进行实验(图 3-6),采用生烃潜力法计算排烃效率。

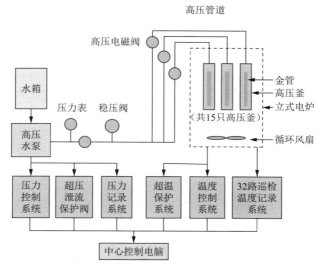

图 3-6　排烃效率实验系统结构及工作原理(据王媛等,2019)

根据实验结果,R_o 为 0.4%～0.8%时,生气量很少,生油量从 5 mg/g 增加到 35 mg/g,R_o 大于 0.8%之后,生气量增加,生油量开始减少。根据总生烃量和总排烃量计算的排烃效率在 12%～44%之间。在雷家地区沙四段当前的热演化程度下(R_o=0.3%～0.7%),烃源岩的排烃效率只有 12%～17%。R_o 从 0.7%增加到 0.9%时,排烃效率增加很快,从 17%增加到 41.8%。由此可见,成熟度对低熟烃源岩的排烃效率影响巨大(图 3-7)。

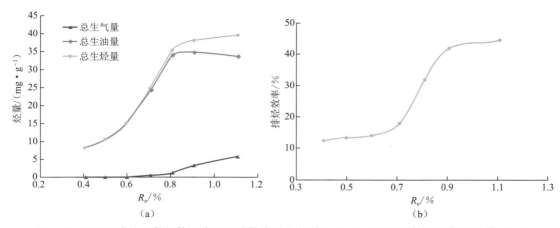

图 3-7　辽西凹陷沙四段低熟源岩不同成熟度对应的总生烃量(a)与排烃效率(b)(据王媛等,2019)

除模拟实验法外,确定烃源岩排烃效率的方法还包括地质剖面法、生烃动力学法、基于物质平衡的生烃潜力法等。生烃潜力法是估算排烃效率的常用方法,其计算原理是:根据原始生烃潜量(S_0)与残余生烃潜量(S_1+S_2)计算排烃量,排烃量与 S_0 的比值即排烃效率,S_0 等于未熟—低熟烃源岩样品的生烃潜量(S_1+S_2)。根据上文提到的 TOC 与生烃潜量关系拟合结果,计算模拟实验样品的 S_o 为 56.16 mg/g,其残余生烃潜量为 47.18 mg/g,由此计算的排烃效率为 16%,高于模拟实验相似成熟度($R_o=0.41\%$)时的排烃效率(12.5%)。可能的原因之一是该样品的实测 R_o 值较低,根据雷家地区区域地化分析结果,该深度样品的对应 R_o 应该接近 0.6%,模拟实验的排烃效率为 14%,较计算结果低 13%。李志明等(2018)采用 DK-Ⅱ型地层孔隙热压生排烃模拟实验仪对渤海湾盆地东濮凹陷卫 20 井埋深 2 290 m(沙三段)的盐间灰色页岩进行生排烃模拟,样品实测 TOC 为 4.32%,R_o 为 0.62%,模拟成熟度 R_o 为 0.66%时,排出的烃气是 0.74 mg/g,残余油量为 113.69 mg/g,生成的总油量为 130.59 mg/g,总烃为 131.33 mg/g,计算的排烃效率为 13.4%。该结果与实验模拟结果(R_o 为 0.6%时排烃效率为 14%)差别不大。

6. 非均质性评价

页岩处于生烃阶段后普遍具有含油气的特点,只是不同区域和层位其油气富集程度有所差异,这种差异性(非均质性)可由有机碳含量(TOC)、氯仿沥青"A"含量、热解烃含量(S_1)及轻烃含量(S_o)等地化分析指标直观体现。但受样品分析周期、费用及数量的制约,实测数据总是难以达到描述泥页岩有机非均质性或含油气性的需求。

由于有机质的发育特征对众多测井响应(如声波、电阻率、中子、密度、伽马等)都有明显的影响,加上测井资料的纵向连续性和较高的分辨率,使利用测井资料来评价泥页岩有机非均质性成为可能。

以 $\Delta\lg R$ 模型为代表的测井地化原理和技术在常规油气勘探中评价源岩的有机非均质性方面得到了较为广泛、成功的探索和应用。然而,TOC 不如氯仿沥青"A"含量和 S_1 能够更为客观地反映源岩本身的含油量,不如 S_o、中子、气测录井等能反映含气量的变化。而从原理上讲,氯仿沥青"A"含量、S_1 和 S_o 等的变化同样会在上述测井响应上得到反映,这也为利用测井资料直观评价泥页岩中的含油气性提供了可能。

$\Delta\lg R$ 技术由埃克森(EXXON)和埃索(ESSO)石油公司推导和实验得出,并得到广泛应用,其方法主要是利用补偿声波时差与电阻率曲线之间的幅度差($\Delta\lg R$)来反映泥页岩中有机质丰度变化。$\Delta\lg R$ 的原理主要是利用声波时差和电阻率对岩石骨架中有机质的响应特征来定量表征其丰度,随着有机质丰度的增大,声波时差和电阻率均呈现增大的趋势,二者的幅度差也增大。

然而,理论上,泥页岩中含烃量的增大,同样也会造成声波时差和电阻率的增大,那么也可以理解为 $\Delta\lg R$ 模型同样适用于定量表征含烃量。但存在一个疑问,均为基于电阻率和声波参数所建立的幅度差,如何区分 TOC 和 S_1 对幅度差的贡献? 黄文彪等(2014)认为,虽然高有机质丰度和高含烃量都促使幅度差变大,但是两种幅度差的内涵存在较大的差异。从实际测井响应特征来看,未熟/低熟泥页岩,随着有机质丰度的增大,其声波时差明显增大,电阻率仅小幅变化;而对成熟泥页岩,S_1 与电阻率具有典型的正相关,这一现象表明,在刻画 TOC 时,幅度差计算中声波占主导地位,而在表征含烃量时,电阻率参数起关键作用。因此,利用 $\Delta\lg R$ 模型分别刻画泥页岩有机质丰度和含烃量是不矛盾的。

基于测井地化评价方法,可刻画烃源岩含油气丰度的垂向变化,油气含量越高,越有利于工业开采。应用改进的 $\Delta\lg R$ 测井评价技术,黄文彪等(2014)对松辽盆地北部、海拉尔、济阳等地区的地化指标也进行了分析,验证了烃源岩含油量的"三分性",并由此建立了分级评价标准,划分为分散资源($TOC<1\%$,$S_1<0.5$ mg/g)、低效资源($1\%\leqslant TOC<2\%$,0.5 mg/g$\leqslant S_1<2$ mg/g)和富集资源($TOC\geqslant 2\%$,$S_1\geqslant 2$ mg/g)。通过测井地化的方法刻画泥页岩有机质丰度和残留烃含量,将 S_1 含量平均大于 2 mg/g 且厚度不低于 30 m 层段定义为富集层段(压裂时泥页岩厚度最小需要 30 m),从而可清楚了解不同级别的页岩油气资源的垂向分布特征,对目标层段及有利区的优选均具有直接的指导作用。

7. 页岩含油量评价

评价烃源岩内滞留油气数量的方法,在探井数量较少的盆地或凹陷(如南方古生界海相领域),通常采用类比法,在探井数量较多的盆地或凹陷(如东部盆地),一般采用体积法。根据体积法计算资源量时,单位质量岩石的平均含烃量是关键参数,但泥页岩有机质丰度和残留烃含量存在较强的非均质性,有必要区分不同含油气级别页岩油气的资源量。

在测井地化分析的基础上,采用体积法可评价不同级别页岩油资源量。无论是利用氯仿沥青"A"含量还是 S_1 来计算资源量,均要进行轻烃或重烃补偿。石油烃类应包含 $C_1\sim C_{40}$ 的轻质和重质组分(图3-8),以 S_1 为例,Rock-Eval 热解实验测出的 S_1 是 300 ℃ 之前热解出的烃(C_{33-}),在 S_2 中仍有一部分高碳数烷烃和芳烃未能在 300 ℃ 前热解出来,因此需要重烃校正;同时在进行热解实验前,泥页岩样品中残留烃的轻质部分($C_6\sim C_{13}$)已挥发,在实测 S_1 中没有体现,故需要轻烃补偿。实际地层中单位质量岩石所蕴含的烃含量如图3-8所示。

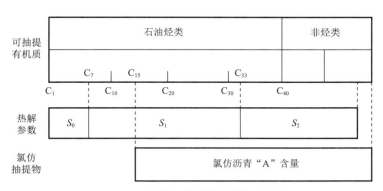

图3-8　不同热解参数的烃类组分分布

王安乔和郑保明(1987)根据大庆、胜利、辽河、河南和珠江口盆地61块生油岩样品开展了不同干酪根类型和不同成熟度暗色泥岩的热解色谱分析参数校正实验,发现热解 S_2 中有相当数量的游离烃重组分 ΔS_2($C_{33\text{-}40}$),据此得出了不同类型干酪根、不同演化阶段进入 S_2 的重质组分($C_{33\text{-}40}$)ΔS_2 与 S_1 比值,从而确定了针对 S_1 的重烃校正系数。从数据结果来看,ΔS_2 的大小与生油岩类型有关(表3-3),随演化阶段不同有微弱变化(表3-4)。

随着干酪根类型变差,ΔS_2 含量逐渐减少,这主要是由于随着类型的变差,干酪根中杂原子较多,键能较弱,更容易断裂,生成的重烃逐渐减少。

表 3-3　不同干酪根类型生油岩重烃校正系数

参　数	I	II A	II B	II C	III
$\Delta S_2/(\mathrm{mg \cdot g^{-1}})$	4.22	2.70	1.61	1.02	0.33
$\Delta S_2/S_1$	1.93	2.89	4.28	4.92	0.83

表 3-4　ΔS_2 与演化阶段的关系

参　数	I	II A	II B	II C	III
$T_{\max} < 435\ ℃$	3.86	2.41	2.22	0.74	0.39
$435\ ℃ \leqslant T_{\max} < 441\ ℃$	4.72	2.19	1.25	0.50	0.08
$T_{\max} \geqslant 441\ ℃$	4.10	3.70	2.17	0.44	0.55

由于泥页岩样品在热解实验前长时间暴露在空气中,其易挥发的轻烃部分(C_{7-15})难以检测,利用密闭取芯的方法进行检测不仅成本较高,而且不同样品由于丰度、类型以及成熟度均存在差异,其轻烃含量有所不同。黄文彪等(2014)利用组分生烃动力学法,通过对代表性样品的生烃热模拟实验,分析不同温度下不同组分的生成速率和生成量,在沉积埋藏史和热史恢复的基础上,建立了轻烃校正系数(C_{6-13}含量与 S_1 之比)与泥页岩成熟度关系图版(图 3-9)。

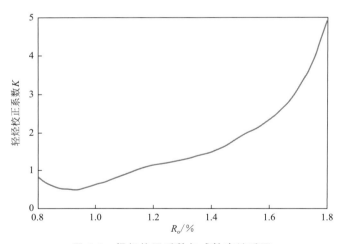

图 3-9　轻烃校正系数与成熟度关系图

第二节　储层表征技术

我国陆相页岩储层沉积相带窄,岩性岩相变化快,分布稳定性差,经历的构造活动较强,相对海相页岩储层常表现为更致密、单层厚度更薄、非均质性更强的特点。储层评价时需根据各盆地的具体情况,制定不同的分级评价标准。

当前有效表征页岩储层的关键技术主要包括 3 类:多尺度超高分辨率精细表征技术、图像法微观有效连通性定量分析技术和物理与微观数值模拟技术。

一、多尺度超高分辨率精细表征技术

近年来,由于先进设备的联合开发应用,实现了致密储层矿物-孔隙-流体多尺度三维定量的综合表征(表 3-5～表 3-7),包括基于 X 射线荧光-QEMSCAN 技术的矿物定量评价系统(图 3-10)、基于微米 CT 成像系统-环境扫描电镜和纳(微)米 CT-聚焦离子束场发射扫描电镜的多尺度孔喉空间及含油性三维表征等,分析尺寸跨越 7 个数量级,可逐级选取样品分析靶点(姜振学等,2016)。

表 3-5　岩石组构表征关键技术

技 术		原 理	优 点	缺 点	仪器设备
定性观察技术	岩石薄片分析	利用矿物的光性特征,确定岩石的矿物及岩石学参数	制作简单,成本低	放大倍数小,分辨率低	偏光显微镜
	扫描电镜分析	用极细的电子束在样品表面扫描,将产生的电信号运送到显像管,在荧光屏上显示物体形态	制样简单,放大倍数连续可调,图像分辨率高	成本高,观察视域小	聚焦离子束扫描电子显微镜 FEI HELIOS NANOLAB 650;Quanta 200F 场发射环境扫描电镜
定量表征技术	QEMSCAN 分析	通过背散射电子(BSE)图像灰度与 X 射线的强度相结合能够得出元素的含量,并转化为矿物相	定量计算矿物含量、孔隙度、基质密度	最大分辨率只有 $1\ \mu m$,成本高	FEI QEMSCAN-650F
	X 射线衍射(XRD)分析	通过对岩石进行 X 射线衍射,分析其衍射图谱,获得矿物成分	矿物分析比较全面,且不损伤样品,无污染,测量精度高	结果受人为影响较大	德国 D8 DISCOVER X 射线衍射仪;D8 Focus X 射线衍射仪
	傅里叶变换红外透射光谱分析	根据光谱中吸收峰的位置和强度来测定混合物中各组分的含量	不需要进行黏土组分分离就能快速有效地区分矿物组分	进行矿物分析之前须除掉有机质	EquinoxTM 55;AIM8800

技术		原理	优点	缺点	仪器设备
定量表征技术	X射线荧光（XRF）分析	通过分析样品在X射线照射下发出的X射线荧光，确定被测样品中各组分的含量	谱线简单、测量元素多、能进行多元素同时分析等	灵敏度低，只能分析含量大于0.01%的元素	WISDOM-9000型X荧光分析仪

表3-6 微观孔隙定性定量分析技术

方法		提供参数	样品需求	适用范围	优点	缺点	仪器设备
光学显微镜		孔隙大小、分布及几何形态，平均孔隙比，平均孔隙半径，喉道，配位数，裂缝长度及宽度，裂隙率	厘米级块状	微米级	技术相对成熟，可通过观测分析孔隙成因	因要注入有色液态胶体，针对较致密的岩石适用性不强	TCH-1型铸体薄片分析仪
电子显微镜	原子力显微镜	样品表面微观形貌的、直观的三维结构信息	毫米级块状	纳米级	精度高、保证样品横向稳定性	只能表征样品表面起伏信息；操作复杂；扫描速度慢；对于噪声十分敏感；系统内部作用力复杂	NT-MDTsolver原子力显微镜、NanoFirst-2000接触式AFM
	场发射FE-SEM	孔隙形态及大小、孔隙及裂缝分布、矿物形态分布等	厘米级块状	纳米级	分辨率高；可进行二次电子、背散射二维成像；目前推广范围较大，图像可直接与他人成果对比	样品前期处理较为复杂，仅能测二维图像	Quanta 200F场发射环境扫描电镜
	聚焦离子束扫描电镜FIB-SEM	孔隙形态、大小、连通性，孔隙及裂缝分布，矿物形态分布等，也可进行三维成像	厘米级块状	纳米级	可进行高分辨率二次电子、背散射二维成像；高分辨率三维成像	进行三维测量时为有损测量，刻蚀厚度相对于纳米级孔隙结构而言较大；仪器昂贵，不能大量分析测试	HELIOS Nano-Lab 600i、HELI-OS NanoLab 650等
CT	纳米CT	纳米级孔隙分布、大小、形态及连通性，以及原油在孔隙中的赋存状态	毫米级块状	纳米级	进行三维无损观测；可分辨纳米级孔隙分布、大小、连通情况；适用于页岩	观测面较小，代表性不强；仪器昂贵，不能大量分析测试	U1TRAXRD-L200

续表

方　法		提供参数	样品需求	适用范围	优　点	缺　点	仪器设备
CT	微米 CT	微米级孔隙分布、大小、形态及连通性	毫米级块状	微米级	进行三维观测，可分辨微米级孔隙连通情况，为无损测量；适用于砂岩、致密砂岩等	观测面较小，代表性不强；仪器昂贵，不能大量分析测试；不适用于页岩	MICROXCT-400

表 3-7　微观孔隙定量分析技术

方　法		原　理	提供参数	样品需求	适用范围	优　点	缺　点	仪器设备
气体吸附法	N_2	BET 方程和 BJH 方程	比表面积、孔径分布、孔体积、平均孔径	40～60 目	中孔—宏孔	技术相对较成熟，目前推广范围较大，能较好地与他人数据进行对比	某些微孔难以区分，需要极高的真空度	麦克 GEMINI VII 2390、康塔 NOVA 1000e 等
	CO_2	D-R 理论模型和 DFT 理论模型		40～60 目	微 孔	克服了气体在微孔中的扩散问题，不需要高真空环境	目前推广范围较小，理论模型还不成熟	
高压压汞法		测量不同外压下进入孔中汞的量即可知相应孔大小的孔体积	比表面积、孔径分布、平均孔径、孔体积	标准样品/块样	3 nm～120 μm	已大量用于常规储层测试，技术相对较成熟，可反映样品微裂缝信息	汞为有毒物质且易挥发，对人体有害；不适宜测纳米级孔隙；高压压汞会造成人工裂隙	全自动压汞仪 AutoPore Ⅳ 9510、Coretest 高压压汞仪 MIS-620
小角散射法	X 射线	将入射束（X 射线或中子束）投射在物质上，发生于原束附近小角域（小动量转移）范围内的相干弹性散射现象	结构尺寸、比表面、孔径分布、颗粒形态	粉　末	1～220 nm	测量范围为纳米级，在统计上有充分的代表性，数据重复性好	推广性差；不太适用于由电子密度不同的颗粒所组成的混合粉末以及有微孔存在的粉末	小角激光散射仪 SALS-Ⅲ、小角 X-射线散射仪 SAXSpace、Membrana-20 中子小角散射仪
	中 子			粉　末		对轻元素灵敏，对邻近元素和同位素可分辨，具有磁矩，穿透性强	推广性差	

方　法	原　理	提供参数	样品需求	适用范围	优　点	缺　点	仪器设备
核磁共振法	某种特定的原子核,在给定的外加磁场中只吸收某一特定频率射频场提供的能量,形成一个核磁共振信号	孔隙度、自由流体指数、孔径分布、渗透率	不规则块状	2～500 nm	实验数据丰富	设备昂贵,不能大量分析测试	INOVA 400NB NMR 核磁共振仪、MR-SHALE 型页岩核磁共振分析仪

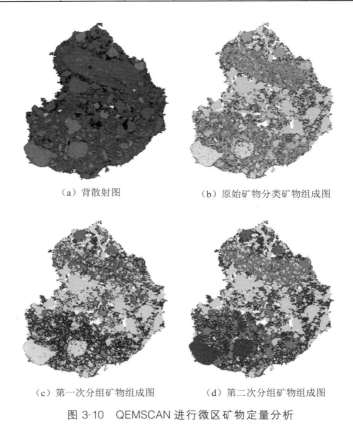

（a）背散射图　　　　　　　　（b）原始矿物分类矿物组成图

（c）第一次分组矿物组成图　　　　（d）第二次分组矿物组成图

图 3-10　QEMSCAN 进行微区矿物定量分析

二、图像法微观有效连通性定量分析技术

利用 FIB-SEM、纳米 CT、微米 CT、原子力显微镜（AFM）等技术,可对致密储层储集空间连通性进行量化表征,进行连通域检测、连通域形态学分析、连通域分类、连通性参数量化及连通域数字模型提取等,可明确孔喉及微裂缝空间配比关系,研究油气富集下限及运移规律,为致密储层流体流动能力评价提供支撑。

1. 孔隙形貌及连通性表征技术

FIB-SEM 系统可进行高分辨率二次电子成像分析、高分辨率背散射电子二维成像分析及高分辨率三维成像分析,获取孔隙形态、大小、连通性,以及孔隙及裂缝分布、矿物形态分布等。

微米 CT 可用于毫米至厘米尺度样品的微米精度扫描、三维无损成像、样品均质性及密度差异性观察,适用于致密砂岩等岩芯扫描,分辨率 $1 \sim 20~\mu m$。

纳米 CT 技术可实现岩石原始状态无损三维成像,并对任意断面虚拟成像展示,可表征石油在纳米级孔喉系统中的赋存状态,分辨率可达 50 nm(图 3-11)。

图 3-11　纳米 CT 图像

原子力显微镜(AFM)可测量固体表面、吸附体系等,展现样品表面真实三维形貌,以纳米级分辨率获得表面形貌结构信息及表面粗糙度信息。获得参数包括孔隙宽度、深度、数量以及孔体积、比表面积等;横向最优分辨率为 0.2 nm,纵向最优分辨率为 0.1 nm。

2. 孔隙定量表征技术

高压压汞主要用来测定粉末和固体页岩样品的孔隙结构参数及渗流特性。获得参数包括孔径分布、总孔体积、总孔表面积、孔径中值、渗透率、压缩系数、孔喉比、分形维数、样品密度(真密度和堆密度)、流体导电性和机械性能,测量孔径范围 30 nm $\sim$ 1 000 μm,最高工作压力可达 413 MPa。

N_2 吸附技术根据等温吸附-脱附曲线形态确定孔径类型,针对不同的孔径模型和不同孔径大小具有不同的计算原理,能分别对中孔和微孔进行详细描述。获得参数包括孔隙形态、孔径分布、中值孔径、孔体积、比表面积、分形维数等,测量孔径范围为 0.35 $\sim$ 400 nm,最优孔径范围 1.7 $\sim$ 50 nm。

CO_2 吸附技术在 0 ℃(冰水浴)条件下,根据低压等温吸附曲线,通过 DFT 理论模型能对微孔进行详细描述,测量孔径范围为 0.35 $\sim$ 2 nm。

核磁共振技术的主要功能是利用孔隙大小与孔隙内液体凝固温度之间的关系来测量

和计算孔径分布,并定量检测外来水进入岩芯后引起的束缚水增加量和可动水滞留量。获得参数包括孔径分布、孔隙度、渗透率、可动流体饱和度、残余油饱和度等,测量孔径范围为 2～500 nm。

三、物理与微观数值模拟技术

基于 CT 等技术建立的数字岩石孔隙网络骨架,提取储层关键参数后,利用格子玻尔兹曼模拟、有限元模拟及计算流体力学等方法,可以进一步开展油气短运移路径研究,预测微纳米储集空间含油饱和度,并利用分子模拟研究油气在无机、有机纳米孔隙中的聚集机理与扩散潜力,揭示微纳米储集空间油气流动机理(图 3-12)。

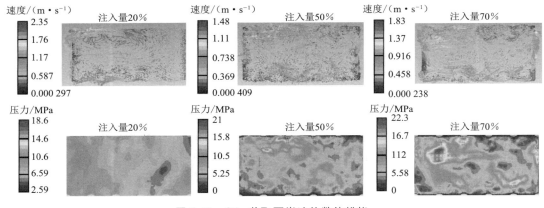

图 3-12　CO_2 萃取页岩油的数值模拟

此外,还有技术在不断改进,包括毫米级有机碳含量测定技术、激光拉曼成图技术、岩石加温加压加流体技术及 4D 同步成像技术等。

第三节　工程甜点评价

页岩气甜点包括地质甜点和工程甜点两个方面。地质甜点主要指含气量较高、渗透性较好的区段。工程甜点则主要指脆性较高、应力差异系数恰当、可实现低成本高效率压裂的区段。

评价页岩气工程甜点需要考虑的因素包括:脆性矿物(硅质和钙质矿物)含量、泥质含量、断裂韧度、脆性指数、杨氏模量、泊松比、弱层理面、微裂缝数量、最大及最小水平主应力、应力差异系数、孔隙压力梯度、破裂压力和埋藏深度等。其中,脆性指数、岩石力学参数及应力条件是最主要的评价参数。廖东良和路保平(2018)以四川盆地焦石坝页岩气田为例,讨论了页岩气工程甜点评价方法,发现矿物含量、脆性指数、应力差异系数、孔隙压力梯度和破裂压力对压裂施工有明显影响。

脆性指数可通过全岩 X 射线衍射、扫描电镜等方法获得岩石矿物组成来确定,岩石力学性质可在实验室测定样品的杨氏模量和泊松比来表征。通过测井评价分析各项参数在垂向和平面上的变化,并利用地震资料进行预测,可圈定甜点区。

可依据模糊数学、神经网络等原理对优选出的地质甜点和工程甜点各项参数进行进一步优选和权重分析,从而建立适合各个研究区的甜点评级指标体系和分类方案。

第四章
页岩气评价核心参数

第一节　资源量起算条件

　　具有生烃能力的泥页岩层系具有普遍含气性,只有资源丰度相对较高的区域才具有页岩气勘探开发意义。统计北美成功开发的页岩气基本地质参数,参考相关研究机构和企业提出的标准,针对我国页岩气地质条件,对页岩气资源量计算时所要求的基本条件进行讨论。

1. 评价层段的含气性

　　应有充分的证据表明评价单元泥页岩层段含气。例如,钻井、录井、测井资料在该段见天然气显示或气测异常;缺少钻井的地区见气苗、地面瓦斯,或近地表样品解吸见气;在缺乏直接证据情况下,有机地化、物性等参数间接指示可能含气。

2. 含气量

　　虽然富有机质泥页岩层系中可能广泛含气,但只有当地层中的含气量达到一定水平(如美国的含气量底限为 $0.5 \sim 1.0 \text{ m}^3/\text{t}$)并形成相对富集时,才具有工业开发价值(张金川等,2012)。如果泥页岩地层中的含气量太低,达不到一定水平,那么在目前的经济技术条件下可能就不具备工业开发的条件,对这部分页岩气开展的资源评价就无实际意义了。

3. 有机地球化学条件

　　形成页岩气时,有机质热演化成熟度(R_o)一般介于 $0.5\% \sim 3.5\%$ 之间,特定情况下,R_o 可降低至 0.3% 或升高至 4.0%。当干酪根为偏生油的 I 型,R_o 介于 $0.5\% \sim 1.2\%$ 之间时,可能形成页岩油;当干酪根为偏生气的 III 型时,泥页岩生气,页岩气的形成条件为 R_o 大于 0.5%(张金川等,2012)。一般情况下,泥页岩中的有机碳含量越高,生气量越大,以有机质为吸附主体的天然气吸附量越大,以有机质微孔及微缝为储集空间的游离态天然气含量越大,泥页岩地层中的总含气量就越高,含气量常与有机碳含量成正比。因此,为了使泥页岩含气量足够高,有机碳含量必须达到一定标准。统计美国页岩气参数表明,具有产气能力的泥页岩有机碳含量一般大于 2.0%。

4. 其　他

泥页岩物性致密,吸附气可成为页岩气富集的主体,能发育在相对浅埋地层中。根据含气量与深度的关系以及对美国页岩气资料的统计,虽然少数页岩气的埋藏深度可以更大或更小,但具有经济价值的产气页岩埋藏深度一般介于 500~4 000 m 之间。此外,由埋深、断裂带、岩浆活动以及其他因素所引起的保存条件变化也是页岩气资源评价时所需要考虑的重要因素。

综上所述,可以初步确定页岩气资源起算条件:

(1) 泥页岩层系。泥(暗色泥页岩)地比大于 60%,夹层厚度小于 2 m,且满足下列条件。

① 海相:单层厚度大于 10 m。

② 海陆过渡相:单层厚度大于 10 m,或累积厚度大于 30 m。

③ 陆相:累积厚度大于 30 m,单层泥页岩厚度大于 6 m。

(2) 含油气证据。有充分证据证明拟计算的层段为含油气泥页岩层系。

(3) 基本地化条件。

① 页岩气:干酪根类型为 Ⅰ,Ⅱ,Ⅲ 型;$TOC>0.5\%$;R_o,Ⅰ 型 $>1.2\%$,Ⅱ₁ 型 $>0.9\%$,Ⅱ₂ 型 $>0.7\%$,Ⅲ 型 $>0.5\%$。

② 页岩油:干酪根类型为 Ⅰ,Ⅱ₁ 型;$TOC>0.5\%$;R_o 为 0.5%~1.2%。

(4) 埋藏深度。页岩气,500~4 500 m;页岩油,不超过 5 000 m。

(5) 保存条件。保存条件良好,不受地层水淋滤影响等。

(6) 含气量。含气量大于 0.5 m³/t。

(7) 不具有工业开发基础条件的层段(如地貌高陡区)原则上不参与资源量估算。

第二节　地质参数

我国的页岩气勘探开发研究及实践成果日新月异,基础理论研究及认识发展速度滞后于践行发展速度,页岩气勘探开发研究过程中不断遇到新的困难和问题。通过实验测试来准确获取页岩气研究和资源评价中涉及的关键参数是重要一环。

页岩气地质调查和资源评价常用参数主要包括地球化学参数(有机质类型、有机质丰度、有机质热演化成熟度等)、储集性质参数(比表面积、孔径分布、孔渗性、孔隙结构、孔隙类型、微裂缝类型等)、含气性(吸附气含量、游离气含量、总含气量)及岩石学参数(脆性矿物含量、岩石力学性质等)四大类。

页岩为超致密储层,采用常规测试手段较难获得足够精度或可靠的数据。脉冲式岩石渗透率测试方法,美国 Core Laboratory 的测量范围为 1×10^{-5}~1 mD,Chesapeake 公

司的测量范围可达 $1×10^{-3}$~$1×10^{-9}$ mD,测试过程仅需 10 min;氩离子光束抛光制样技术利用氩离子光束抛光页岩样品表面,联合扫描电镜、薄片岩相鉴定仪及 X 射线衍射仪等进行分析,能够清楚地观察到泥页岩中的各类微孔微缝;SCAL Inc 开发的 Quick-Desorption 快速解吸技术,可获取含气量;压汞和比表面联合测定微孔结构技术、nmCT 及 FIB-SEM 技术等。

美国页岩气工业起步较早,一些研究机构设立专项基金对页岩气实验测试技术进行研究,测试技术相对完善,促进了页岩气勘探开发的进步。例如,油气公司有 Intertek,Weatherford,Chesapeake,Core lab,Terra Tek 等;高校有 Utah State University,Massachusetts Institute of Technology,University of Texas at Austin 等;机构有 USBM(United States Bureau of Mines),GTI 等;均能开展具有特色的页岩气相关测试服务。此外,英国的 ITS(Intertek Testing Service)公司、澳大利亚 Geotech 公司新成立的 Isotech Satellite 实验室、法国的 ST 公司、加拿大联邦地质调查局下属的部分实验室、德国的 GFZ 公司等在页岩气相关实验设备及测试方面均有不同程度的研究。

国内在常规储层实验测试技术方面相对成熟,一些重点实验室和研究机构在页岩气实验分析设备和技术上具有良好的基础,通过引进和研发测试设备,正在快速发展。例如,依托中国石油勘探开发研究院的国家能源页岩气研发中心、中国地质大学(北京)和国土资源部油气资源战略研究中心的页岩气资源战略评价重点实验室、重庆地质矿产研究院的页岩气资源勘查重点实验室、中国石油大学油气资源与探测国家重点实验室重庆页岩气研究中心、中国矿业大学和中国煤炭地质总局共建的页岩气重点实验室、中国石油西南油气田公司和四川省煤田地质局共同组建的省属页岩气重点实验室——页岩气评价与开采四川省重点实验室等。

第三节　核心参数

含气量是指每吨岩石样品中所含天然气总量在标准状态(20 ℃,101.325 kPa)下的体积。含气量是衡量页岩气资源丰度的重要指标,也是页岩气资源量计算、地质评价与勘探选区的核心参数。掌握页岩含气量主控因素和变化规律,不仅对页岩气资源评价具有关键作用,也是页岩气产能预测、经济评价以及开发设计的重要依据。

一、含气量获取方法

(一)等温吸附实验

吸附性是泥页岩储层的重要特征,吸附态天然气占页岩气总含气量的 20%~85% (Curtis,2002)。页岩储层的吸附特征、吸附气含量及其变化规律是进行页岩气地质评价、经济评价和工程评价的重要依据。

1. 吸附气含量测试

等温吸附测试在实验室中通过模拟实际地质条件来测量页岩样品的吸附气含量。吸附平衡是吸附体系的一种状态，在恒定温度、一定压力下，吸附速率等于解吸速率，固体表面上只能吸附一定量的气体，即吸附量或表面覆盖率为一定值。在测试过程中，通过测定一系列温度、压力条件下相应气体的吸附量，就可以得到描述吸附平衡体系中温度、压力和气体吸附量之间关系的曲线，即吸附平衡线。常见等温吸附测定仪如美国 TER-TEK ISO-300 型自动等温吸附仪、美国麦克仪器公司研制开发的 HPVA-200 高温高压等温吸附仪及法国塞他拉姆公司生产的 PCT ProE&E 型高压吸附仪等。基本测试方法是先将一定已知质量的气体注入装有待分析样品的样品缸内，当样品吸附气体达到平衡时，记录最终的平衡压力，然后根据静态气体和质量平衡方程，测量样品吸附气的质量。在每个压力段内重复此步骤，直至达到设定的最大压力。通过每个压力点的气体吸附量，可以得到某一温度下的气体吸附等温线。

描述一定温度下气体吸附量与压力关系的方程为等温吸附方程。等温吸附方程主要有 4 种类型：Langmuir 方程、BET 方程、Freundlich 方程和 Temkin 方程。

常见的等温吸附线可用 Langmuir 方程来描述（图 4-1）。Langmuir 方程描述的是理想表面上，在单层吸附平衡体系下，等温吸附过程中吸附量和压力的函数关系，它可以近似地描述许多实际的化学吸附过程，也可以描述单层的物理吸附。根据该方程，在一定的压力范围内，吸附量随着压力的增加而迅速增加，而后随着压力增加增速明显变缓，当压力达到一定值时，吸附量达到最大，继续增加压力吸附量不再变化。这意味着吸附剂表面吸附质达到饱和，相应的吸附量可认为是吸附质粒子在吸附剂表面上的单层饱和吸附量。

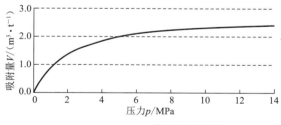

图 4-1　Langmuir 等温吸附模型

在实际吸附过程中，固体吸附剂的表面并不均匀，各个吸附位也并不等效，且随着覆盖度增大，吸附活性降低，吸附质之间的相互作用力增强，导致吸附能力下降。Temkin 方程和 Freundlich 方程用于描述非理想吸附体系下的单层吸附特征。

BET 方程描述的是多层吸附平衡体系之下的吸附量与压力的关系。BET 方程是在 Langmuir 方程的基础上建立并发展而来的，适于物理吸附的模型。它的假设条件是：固体表面是均匀的；吸附质分子之间没有相互作用力或者作用力可忽略不计；第一层吸附质分子与固体表面作用，且吸附热较大，其余隔层吸附质分子之间相互作用，与气体凝聚相似。

甲烷在实验温度和储层温度下属于单层物理吸附,目前普遍采用 Langmuir 模型对实验结果进行拟合。通过实验测试,计算得到 Langmuir 压力和体积,进而确定不同温度下的 Langmuir 方程,再根据页岩样品所处的地层深度,求取储层压力,即可预测地层条件下储层理论吸附气含量。

2. 等温吸附曲线异常探讨

目前普遍应用 Langmuir 等温吸附模型来描述煤岩、泥页岩储层的吸附特征。该模型在煤层气评价中应用效果良好,但在泥页岩储层的等温吸附实验中却普遍出现实验数据与理论计算结果严重不符合等温吸附曲线的异常现象,使实验结果无法在泥页岩储层研究中准确描述其吸附特征。

(1) 等温吸附曲线异常的普遍性。

根据天然气的赋存状态和聚集机理将天然气划分为煤层气、页岩气、常规储层气等多种类型。页岩气介于常规油气与煤层气之间。煤层气主要以吸附状态(吸附气含量至少占总含气量的 85%)存在于煤岩及煤系地层中;常规储层气则主要以游离方式(游离气含量占 90% 以上)存在于常规储层中(王增林等,2011;李爱芬等,2011);页岩气则是以部分吸附(吸附气含量占总含气量的 20%~85%)和部分游离的方式存在于泥页岩层系中。目前对泥页岩储层吸附特征的研究仍然沿用煤层气的等温吸附测试方法和理论模型,通过测试得到 Langmuir 体积和 Langmuir 压力,再结合地层压力条件计算泥页岩吸附气含量。

对实验结果的统计表明,对泥页岩储层样品进行等温吸附实验时,实际得到的实验数据中 50% 以上与 Langmuir 模型的理论计算值存在较大偏差,出现吸附量最大值(图 4-2a)、倒吸附(图 4-2b)以及数据离散无规律(图 4-3)等现象。此时若应用 Langmuir 模型对其进行描述,则会出现 Langmuir 体积和 Langmuir 压力等特征参数失真,甚至出现负值,在实际应用中无法真实反映页岩储层的吸附特征。有学者认为,出现吸附量最大值、Langmuir 模型理论计算值与实验数据不吻合等现象在煤岩等温吸附实验中也存在(Moffat and Weale,1955)。Moffat 等曾在煤层气等温吸附实验最高压力达到 100 MPa 时发现上述现象。在高压情况下,Langmuir 模型不能拟合实验数据,例如甲烷在煤岩表面的吸附能力普遍具有随压力增加先增大后减小的倒"U"形变化趋势,不遵循 Langmuir 规律(Fitzgerald et al.,2003;秦勇,2003)。但受测试仪器承受压力的限制,煤岩吸附甲烷的常规等温吸附实验数据通常不会出现吸附量最大值的现象。

(2) 异常原因分析。

泥页岩与煤岩储层相比,其黏土矿物含量远高于煤岩,而吸附气含量却明显小于煤岩,分析认为泥页岩储层更易出现等温吸附曲线异常现象是由 Langmuir 模型的适用条件、等温吸附实验测试仪器精度和预处理流程等原因引起的。

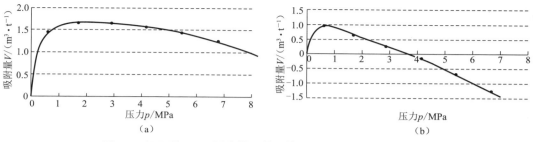

图 4-2　Y1(a)和 Y2(b)页岩储层样品等温吸附实验数据及拟合线

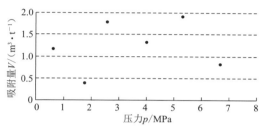

图 4-3　Y3 页岩储层样品等温吸附实验数据

① Langmuir 模型的适用条件——基于凝聚机理。

气体的吸附平衡研究主要根据吸附热力学、统计热力学和动力学等理论，出现了 Freundlich 方程、Polanyi 吸附势理论、Langmuir 单层吸附方程、Brunauer-Emmett-Teller(BET)多层吸附方程及 Dubinin-Radushkevich(DR)方程等经典单组分吸附等温模型，各模型各自具有一定的精度和适用范围。

在页岩气和煤层气领域主要采用 Langmuir 方程进行储层吸附特征研究。Langmuir 等温吸附理论认为，吸附质分子在吸附剂表面的吸附为单分子层吸附，当达到平衡时，其吸附凝结的速率等于分子从已占领区域扩散的速率，其吸附过程是动态的(张小平，2008)。可分别由动力学方法和热力学方法推导得到 Langmuir 方程，对其进行变形后引入储层条件下天然气的吸附特征描述，使参数的应用意义更加明显，常见的表达式为：

$$V = \frac{V_L p}{p_L + p} \tag{4-1}$$

式中，V 为吸附量，m^3/t；V_L 为 Langmuir 体积，m^3/t，其值反映了泥页岩样品的最大吸附能力，与温度和压力没有直接关系，主要取决于泥页岩样品的性质和特点；p 为压力，MPa；p_L 为 Langmuir 压力，MPa，是吸附量达到 Langmuir 体积的 1/2 时所对应的压力值，是影响等温吸附曲线形态的主要参数，反映吸附介质解吸天然气的难易程度，其值越高，吸附态天然气的解吸相对越容易，也越有利于开发。

值得注意的是，Langmuir 方程的理论依据之一是在吸附过程中，等温条件下天然气的吸附量随压力的增大而增大。当压力增大到超过气体的饱和蒸气压力时，吸附态气体将凝聚为液体，在多孔性固体中发生毛细凝结现象，即气体吸附压力的上限为饱和蒸气压力；当气体吸附压力达到饱和蒸气压力时，固体物质的吸附能力趋于饱和，泥页岩的吸附气含量趋近于最大值，也就是说，Langmuir 方程是基于气体吸附后发生凝聚的吸附机理

（周理等，2004）。

② 超临界状态下甲烷的非凝聚吸附。

气体处于临界状态时的温度即临界温度，低于该温度时，增大压力可实现气体的液化，气体处于亚临界状态；高于该温度时，即使增大压力，气体也不会液化，处于超临界状态。与临界温度对应的压力即临界压力，超过该压力时，若温度降至临界温度以下，则气体全部变为液体。

处于亚临界状态的气体发生吸附时，当压力达到该气体的饱和蒸气压力时，气体即发生凝聚，直到全部液化为止（Adamson，1998）。而处于超临界状态时，由于气体不凝聚，游离相气体密度和吸附相气体密度均随压力增加而增大，当二者增加速率相等时，等温吸附曲线出现最大值，随后气体吸附量出现负增长；当游离相气体密度大于吸附相气体密度时，吸附量为负值（周理等，2004），其等温吸附曲线表现为初始部分吸附量随压力单调增加，达到吸附量最大值后随着压力增大（吸附量）反而下降（图 4-4）。此外，对于某些特定的吸附体系或实验条件，甚至出现吸附量为负值的情况（Bose et al.，1987；崔永君等，2003）。实际上，在超临界状态下等温吸附曲线不符合 Langmuir 模型的事实在化工学界早已被广泛认识（Menon，1968）。在油气资源勘探研究领域，实际地层温压条件下天然气在泥页岩储层中的吸附现象符合超临界状态下气体的非凝聚吸附机理，因此应用基于凝聚机理的 Langmuir 模型描述天然气吸附特征时存在缺陷。

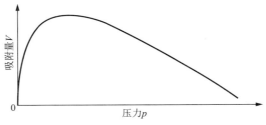

图 4-4　典型超临界气体等温吸附曲线

甲烷的临界温度为 -82.6 ℃，临界压力为 4.5 MPa（崔永君等，2003）。甲烷在常温及地层温压条件下为超临界气体，即使压力再高也不会液化。因此，甲烷在泥页岩中的吸附不遵循毛细管凝聚机理，其吸附、脱附平衡是典型的不可冷凝气体吸附平衡，形成超临界非凝聚吸附（Tan and Gubbins，1990），因而应用 Langmuir 方程描述其吸附过程会出现较大差异。

③ 等温吸附实验测试仪器和流程对页岩气的适用性。

页岩储层等温吸附实验中经常出现实验数据离散无规律的现象（图 4-3），方俊华等（2010）认为，其主要原因为煤岩与页岩在黏土矿物含量、含水量和有机组分存在方式等方面均存在较大差异，可以通过改进实验流程或附加一个校正系数来解决。大多等温吸附实验仪器的测试精度能较好地满足煤岩储层吸附气的测试要求，但泥页岩与煤岩相比存在较大差异（表 4-1），泥页岩的比表面积（大多小于 10 m^2/g）比煤岩小得多，相应的吸附量也小，常超出测试仪器的测试范围,测试仪器的灵敏度无法满足其测试要求,因此会因测试仪器误差而导致出现实验数据不规律或反映错误规律等情况。此外,实验操作过程中的疏忽也有可能形成异常,例如若样品阀未按规范要求打开,则实验数据出现负值的概率为100%;若页岩样品预处理不充分,如脱水未净等,也会造成实验数据出现较大偏差。

表 4-1 泥页岩储层与煤岩储层对比

对比项目	泥页岩储层	煤岩储层
岩石成分	黏土矿物、有机质、矿物碎屑	以有机质为主
有机碳含量	0.3%~30.0%	一般 30%~85%
天然气主要赋存状态	吸附态、游离态	吸附态、溶解态、游离态
吸附气含量	20%~85%	70%~95%
比表面积	0.6~52.0 m²/g	100~400 m²/g
裂　隙	不发育或发育程度不等	独特的割理系统
孔隙结构	基质孔隙单孔隙结构或基质孔隙与裂隙双孔隙结构	基质孔隙和裂隙双孔隙结构
孔隙大小	中孔、微孔为主	多为微孔
孔隙度	小于 10%,一般 1%~5%	一般小于 10%
渗透率	$(0.001\sim2)\times10^{-3} \mu m^2$	一般小于 $1\times10^{-3} \mu m^2$

（3）Langmuir 模型的改进。

在泥页岩储层等温吸附实验中,若仍采用 Langmuir 模型表征异常的等温吸附曲线,则计算所得的 Langmuir 体积和 Langmuir 压力参数严重失真,影响对页岩储层吸附能力和吸附气含量的正确判断。为解决该问题,可通过改进 Langmuir 模型或对实验所得吸附量数据进行校正,以获取相对准确的特征参数。

前人为描述超临界状态气体等温吸附曲线做了较多的研究工作,提出了 Langmuir-Freundlich(L-F)超临界高压吸附等温线模型(胡涛等,2002)、D-A 方程(周理等,2000)、新等温线方程(Zhou,2001)及超临界吸附等温线最终形式模型(周理等,2004)等,主要应用于天然气存储、代油燃料等研究中;崔永君等(2003)提出对吸附实验得到的 Langmuir参数进行体积校正后加以应用,发现对煤层吸附甲烷的 Langmuir 参数进行校正前、后的差别明显,校正前 V_L 为 31.84 cm^3/g,p_L 为 1.90 MPa,而校正后 V_L 大于 49 cm^3/g,p_L 大于 4.45 MPa。

（4）实验操作流程的改进。

针对页岩储层的特性,通过改进实验操作流程可以降低由实验仪器测试精度和操作不当引起的异常,主要包括:① 加大测试页岩样品的质量,以提高总吸附气含量;② 直接对页岩新鲜样品粉末进行实验,防止水与黏土矿物之间发生复杂反应而影响吸附气含量的测定,或者在对样品进行水洗后充分脱水、烘干;③ 规范实验操作流程,减少人为因素引起的误差。

综上所述,将煤层气等温吸附特征研究中的模型、仪器和操作流程直接应用于页岩气等温吸附特征研究中时,普遍存在实验数据变化规律与 Langmuir 模型不符的现象,但这种异常还未引起足够的重视。分析认为,该类异常主要由两方面原因造成:一方面是由于 Langmuir 模型是基于凝聚机理的,而地层温压条件下甲烷处于超临界非凝聚状态,因此造成实际实验数据与理论模型偏离;另一方面是由泥页岩储层与煤岩储层在成分、结构上存在较大差异,测试仪器精度不够,或预处理不充分造成的。因此,页岩气的等温吸附特征需要针对其自身特点进一步研究适用的模型,开发测试精度更高的等温吸附仪,并针对泥页岩储层特点规范操作流程,为科学地表征泥页岩储层吸附机理和变化规律奠定扎实基础。

(二)现场解吸

对样品含气量现场测试的研究开始于 20 世纪 70 年代,自美国矿业局提出浮力法含气量测试方法(USBM)以来,目前在含气量测试理论、原理、方法及技术方面鲜有重大进展。

1. 测试方法和理论

针对含气量测试的研究起源于 20 世纪 70 年代美国矿业局对煤层瓦斯含气性的研究,该套方法又称为 USBM 直接法。USBM 直接法即解吸法。煤样在解吸过程中的含气量由损失气、解吸气和残余气 3 部分构成。损失气是在钻井及提钻过程中逸散的天然气数量,通常为游离气及靠近岩芯表面的吸附气;解吸气是将岩芯装入解吸仪之后在一定时间范围内所获得的有效天然气数量,主体反映为岩芯中的吸附气数量;残余气则是解吸过程结束后残余在岩芯内部或经过更长时间才能获得的天然气数量,一般不代表岩芯含气量的主体。该方法的基本指导思想是在钻井过程中准确记录几个关键时刻,待岩芯提上井口后迅速将其装入密封罐,在模拟地层温度条件下测量样品中自然解吸气量;解吸结束后,利用实测解吸气量和解吸时间的平方根进行线性回归求得损失气量;最后将岩芯粉碎,测量其残余气量。

该方法中的损失气量部分是在钻井过程中损失的天然气量,难以直接测量,这是决定测试结果准确度和可靠性的难点。Bertard 等(1970)使用天然气计量和扩散速率结合的方法来估计煤层损失气,并提出气体的释放量与时间的平方根具有一定的相关性,后经美国矿业局改进和完善,成为美国煤层含气量测试的工业标准。Kissell 等(1973)对 Bertard 的理论进行了重新界定,认为煤层气解吸的本质是天然气的扩散过程,可用扩散方程进行描述,并在此基础上提出了直接测量法,即假设天然气吸附达到饱和状态且扩散系数为一常量,将煤芯提至孔深一半的时刻设为时间零点,煤层气开始解吸。该方法确定的散失时间与取芯时使用的钻井液类型有关。当使用清水或钻井液钻井时,散失气时间为提钻时间的一半加上在地面岩芯装入解吸罐之前的处理时间;当使用空气或泡沫钻井时,散失气时间为从钻遇岩芯到岩芯装入解吸罐之间的时间(Kissel et al.,1973)。在进行损失量估算时,可利用时间平方根与解吸气量直线的反向延长线推算从时间零点开始至岩芯装罐时的天然气损失总量。采用该方法进行计算的前提是假设解吸气量在前 10 h 内与时间平方根成正比。美国新墨西哥大学的 Smith 和 Williams(1981,1984)针对美国矿业局所建立的损失气量恢复方法的技术缺陷,提出了适用于描述钻井液条件下以煤屑作为研究对象的煤层气含量测定方法,该方法称为 Smith-Williams 解吸法。该方法认为,煤芯边界的煤层气浓度可因时间不同而发生变化,并在此基础上建立了煤层气体积修正系数、损失气体积和提钻时间之间的关系,该方法还需要进一步改进。Ulery 和 Hyman(1991)侧重在实验技术条件和方法方面提出改进意见,建议含气量测量时记录最小变化标准及其所需要的时间,并增加解吸时的大气压力和温度条件,以获得更准确的损失气量恢复数据。Yee 等(1993)对所取得的解吸数据按照扩散方程进行拟合,经对比后认为,直接法仍然是获得损失气量的最好方法。该结论与美国煤层气研究所及其他研究者所得的结论一致。阿莫科公司的 Seidle 等(1993)针对直接法和 Smith-Williams 法针对煤层气损失量时存在的缺陷,提出了曲线拟合法。该方法要求符合以下 4 个假定条件:煤芯中的煤层气解吸过程可以用扩散方程描述;提钻时煤芯中的天然气开始解吸;提钻过程中,钻井液作用在煤芯上的压力呈线性递减;煤层气解吸速率及损失气量可以借用空气介质中的解吸数据进行拟合。该方法目前也被部分采用。于良臣和李文馥(1981)也就取芯过程中的煤芯瓦斯气的解吸规律进行过研究,并依据我国高瓦斯煤层气压力与埋深之间的关系推算得到了损失气量统计方程。范长生和杨民仓(1994)在探讨利用解吸法估算瓦斯气损失量时,分析了煤芯瓦斯气解吸机理,并给出了开始解吸的"时间零点"计算公式。

解吸气量可以在取芯现场直接测定。样品解吸可分为自然解吸和快速解吸两种。自然解吸时间长,但其测量结果更准确;快速解吸时间短,方便野外现场使用。快速解吸可通过岩芯破碎和高温等多种方法实现,在煤层气中应用的准确率一般大于 90%(庞湘伟,2010)。

关于残余气的获取,McCulloch 等(1975)提出了一种图示法用来估测残余气,并建议在标准温度 21 ℃条件下进行实验。Diamond 和 Levine(1981)推荐了一种测试煤岩和页岩残余气的新方法,即将样品在封闭球型研磨室内碾碎,进而提高测试精度。

现场解吸法于 20 世纪 80 年代初引入我国,在测定煤层气含气量中被广泛应用。原煤炭工业部 1994 年颁布实施的《煤层气测定方法(解吸法)》(MT/T 77—94)以及 2004 年国家标准委员会颁布实施的《煤层气含量测定方法》(GB/T 19559—2004)中,煤层气含气量的获取就是以该方法为核心,同时在残余气含量测定方法上做了较大改进。首先将用于残余气测定的球磨罐固定在球磨机上,破碎 2～4 h,然后放入恒温装置,待恢复储层温度后观测气体量,之后折算到标准状态(20 ℃,101.325 kPa)下的残余气含量。

USBM 直接法同样应用在页岩气含气量测试中。该测试在泥页岩岩芯录井现场完成,岩芯取到地面后迅速装入样品罐中,并增温到样品在地下的温度。在此过程中,连续搜集与测量样品中解吸出的天然气量。泥页岩的总含气量包括损失气量、解吸气量及残余气量。损失气量是从岩芯离开地下原埋藏处到进入解吸罐之前的时间段内散失掉的、无法测定的这部分气量,通常根据解吸气量和解吸时间的平方根进行线性回归,应用图解法(图 4-5)或公式法求得;解吸气量是样品在解吸罐中(模拟地层温度条件),在一定时间内释放出的、可搜集并测定的天然气量;残余气量是经过一段时间解吸,解吸测定实验结束后样品中仍未释放的那部分气量,可以通过将岩芯样品粉碎来测定残余气量。

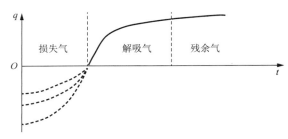

图 4-5　解吸法测定样品含气量模式图(据张金川,2011)

国内对页岩气损失气量估算多采用 USBM 直接法,样品损失气量通常通过直线回归法获得。USBM 直接法估算样品损失气量基于以下假设:样品为圆柱形模型;扩散过程中温度、扩散速率恒定;扩散开始时表面浓度为零;气体浓度从颗粒中心扩散到表面的变化是瞬时的(谭茂金和张松扬,2010)。根据扩散模拟,在解吸作用初期,解吸的总气量随时间的平方根呈线性变化,因此,将最初几个小时解吸作用的读数外推至计时起点,运用直线拟合可以推出损失气量。利用最小二乘法把最初呈直线的实测解吸点进行回归即可求出损失气量。另外,也可以通过图解法计算损失气量:将不同时刻的解吸气量作为纵坐标,与其对应的 $\sqrt{t_0 + t}$ 作为横坐标作图,选取解吸最初呈直线关系的各点连线的延长线与纵坐标相交,直线在纵坐标上的截距即所求的损失气量(图 4-6)。直线回归法估算损失气量简单,容易操作,但是误差较大。Bertard(1970)的实验结果表明,气体释放的速率与解吸最初 20% 的时间的平方根呈线性关系,当取芯时间长、损失气量大时,直线回归估算的损失气量要比实际的损失气量小;另外,由于取芯过程造成岩芯温度降低,解吸升温时模拟地层原始温度,在这个过程中岩芯的温度是一个先降低后升高的变化过程。实验表明,由温度变化造成的损失气量估算结果同样比实际情况低(Mavor et al.,1994)。因此,在使用直线回归法估算损失气量时,应当尽量少用或者不用解吸最初不稳定的点。多项式回归法比直线回归法吻合性更强,但估算出的损失气量通常比实际损失气量高。直线回归法和多项式回归法都是一种线性回归,简单、容易操作,其估算结果能够基本满足勘探阶段的要求。另外,还可以使用多项式回归法和直线回归法的结果作为估算损失气量的上、下界,从而获得一个损失气量的范围,或对直线回归法和多项式回归法的结果根据经验进行加权平均,这样比单一地使用直线回归法或者多项式回归法更合理。

解吸气量测定广泛使用的岩芯解吸气测量装置主要分为解吸罐、集气量筒和恒温设备 3 部分,其基本构成如图 4-7 所示。测试时,首先要准确记录下钻井取芯的几个关键时刻,按规范填入解吸记录表中,当岩芯从地下取出时,迅速装入盛有饱和盐水的解吸罐中,放入恒温设备(恒温设备温度为地层埋深条件下的温度),让岩芯在解吸罐中自然解吸,并按时记录不同时刻的解吸气体积,直到解吸结束。

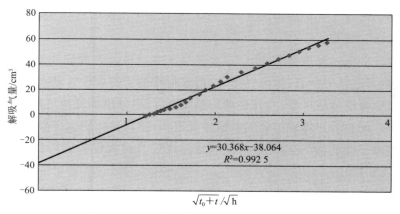

图 4-6　通过 USBM 直接法求取页岩损失气量(据 SCAL,2011)

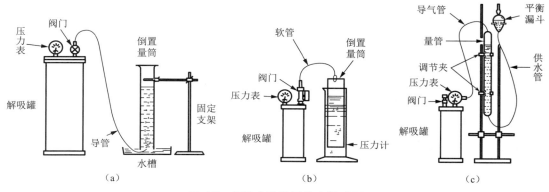

图 4-7　解吸实验装置基本模式图

(a) 据 Bertard et al.,1970;(b) 据 Camp et al.,1992;(c) 据 TRW,1981

　　解吸完毕后,将岩芯样品使用球磨机粉碎后放入恒温装置,待恢复储层温度后测量解吸出的气体总量,换算成地面标准状态下的体积,最后换算成单位质量的含气量。残余气量的测量估算方法主要有 5 种,即破碎法、图示法、球磨法、曲线拟合法和高温法。球磨法是目前测量残余气量的最常用方法。但是,这几种方法都存在许多不足:① 页岩气的赋存空间主体是纳米级的,即使压碎研磨,其粒级一般也只能达到约 60 目,未必能够使残余气顺利解吸;② 若采用破碎法或者球磨法,操作过程中无法排除空气混入的影响,此外,即使有抽真空,也不可能达到完全的真空状态;③ 破碎或者球磨操作过程中会导致部分残余气体散失;④ 研磨机笨重,携带、操作不便;⑤ 实验时间相对较长,工作效率低,不利于快速解吸;⑥ 高温法加热不彻底,不能使样品所有的残余气解吸出来;⑦ 图示法是基于破碎法开展的,所以其可靠程度较低,而曲线拟合法只是一种从数值的角度进行理论预测,其值可靠性严重受解吸时间的长短等因素影响,导致结果与真实值之间还存在一定的差距。操作过程中研磨粒级大小、取换样品罐、抽真空程度可能造成的空气混入和气体的散失等都会影响测量结果,此外,预测过程中理论计算模型的不完善等也可能造成理论和系统误差,从而导致残余气量计算结果不准确。

将解吸得到的总含气量数据换算为地面标准状态下的解吸气体积,除以岩芯质量,即单位质量样品含气量 $Q_{解吸}$

现场解吸法获得的是近似总含气量,要提高其准确性一方面应注意尽量减少损失气量,以免常规取芯起钻时间长,损失气量大,造成最终测定的总含气量可靠性较差;另一方面在解吸气时应模拟地层条件,尤其是地层温度条件,以便准确反映气体在地层原始条件下的解吸速率。泥页岩比煤岩的含气量通常低得多,特别是当测试样品体积较小时,且泥页岩的自然渗透率极低,解吸速度慢,因此,常规煤层气解吸设备应用在页岩气中往往精度不够,甚至无法应用。

应用现场解吸法测定泥页岩含气量,减少钻井取芯过程中样品的气体散失是提高测量精度的重要方法。针对这一问题,美国 Weatherford 实验室采用密闭取芯实验技术,最大限度减少气体散失;SCA 公司开发的 Quick-Desorption 快速解吸技术采用二次取芯的方法,从大直径的岩芯中取出直径小的岩芯进行测量,减少了损失气量和解吸时间,且该系统采用了多种自动计量技术,能够方便记录泥页岩的解吸过程。

2. 测试设备

(1) 中国煤炭工业部含气量解吸仪。

根据美国矿业局的实验装置,中国煤炭工业部设计了一套煤层含气量解吸设备(图 4-8),测试精度能够满足煤层气勘探时的基本要求。该测试仪分为解吸罐、量筒和水槽 3 部分,设备之间用橡皮胶管相互连通。这套设备的优点是操作简单,成本低;缺点是实验装置由大量的橡胶导管相连,实验误差较大。

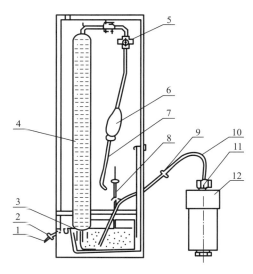

图 4-8　中国煤炭解吸实验装置基本模式图

1—排水管;2,9—弹簧夹;3—水槽;4—量筒;5—螺旋夹;6—吸气球;
7—取气导管;8—温度计;10—排气管;11—穿刺针头;12—解吸罐

（2）SCAL 解吸仪。

SCAL 公司研发的解吸仪（图 4-9）集成在一辆工作车上，主要包括两个机械对流实验室烘箱、不锈钢罐和精确的含气量测量系统。测量系统包括工业计算机接口与一台笔记本电脑，通过数码变频发电机和 UPS 系统来供电。该设备的优点是操作相对便利，可以对样品进行二次取芯并带回实验室测定含气量；缺点是成本较高。

图 4-9　SCAL 解吸仪

二次取芯是在钻井现场使用便携式金刚石钻头（直径为 25.4 mm）钻入全直径样品的中心，取出岩芯。这些较小的样品可以被加载到解吸罐中，带回实验室测定其含气量。解吸设备测定出的气量为解吸气量（图 4-10）。估算样品损失气量的方法还是沿用 USBM 直接法，即解吸初期解吸气量随时间的平方根呈线性关系，再应用直线拟合法估算损失气量（图 4-11）。正常解吸结束后，将样品粉碎后放入恒温装置，待恢复到标准大气压后测量析出的气体总量为残余气量。实验样品的总含气量为损失气量、解吸气量和残余气量三者之和。

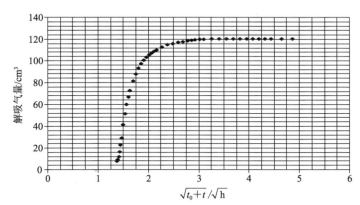

图 4-10　解吸曲线（SCAL）

（3）Weatherford 解吸仪。

Weatherford 解吸设备（图 4-12）分为解吸罐、量筒和恒温水浴箱 3 部分。实验样品的含气量同样是损失气量、解吸气量和残余气量三者之和。Weatherford 测定样品含气量的原理与 SCAL 公司的基本相同，只是在损失气量的估算方面稍有差别：前 3 h 解吸采用钻井液循环温度，并利用解吸数据线性回归获得损失气量，3 h 后再恢复到储层温度环境下继续解吸。该设备的优点是对样品含气量的估算相对精确;缺点是设备太庞大,只能用于室内操作,且成本高。

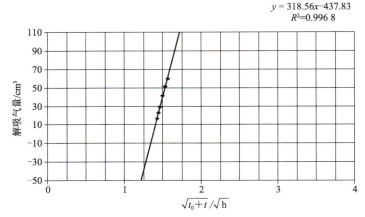

$$y = 318.56x - 437.83$$
$$R^2 = 0.9968$$

图 4-11　损失气量测试曲线(SCAL)

图 4-12　Weatherford 解吸设备

近年来,中国石油、中国石化、中国地质大学(北京)、中国地质调查局及相关科研院所、企业等,积极开展页岩含气量测试系统的研发,出现了一批专利和设备。例如中国地质大学(北京)张金川教授团队已提出并试制成功了改进的解吸气测量设备及其实验方法,其原理之一为应用液体表面张力对集气量筒中的盐水进行毛细管封闭。实验设备主要包括解吸罐、集气量筒和恒温水浴箱 3 部分。其中,集气量筒设有排水孔和通气孔的封口,排水孔设有调节阀,通气孔设有与密封罐的阀口相匹配的开关阀,调节阀沿圆周方向从小到大依次分布有直径不等的限流孔,通过转动调节阀设置限流孔大小,利用表面张力控制排水和集气。该技术突破了浮力法原理,解决了连接导管造成的误差问题,大幅度提高了测试精度。

3. 存在的问题和发展方向

我国页岩气理论研究及勘探开发实践仍然薄弱,含气量数据无法准确测试获得,影响了对复杂地质条件下页岩气含气性变化规律的掌握。国内外目前应用的页岩气含量测试设备在损失气、解吸气及残余气测量原理和技术方面均存在急需改进的问题。

（1）损失气测量。

损失气在非常规储层气含量中通常占有较大比例,其准确性极大地影响了测试最终结果的可靠性。损失气是在钻井工程实施中散失的天然气,一方面可通过改进常规密闭取芯设备,最大限度降低损失气量;另一方面借助二次取芯等手段,通过数据关系拟合及回归方法计算进行估计。这两方面技术均需要较大的改进和突破,主要表现在:① 损失气的恢复中目前主要采用 USBM 直接法,该方法能基本满足煤层气勘探初期基本精度要求,但远远达不到页岩气等非常规储层气含量的测试要求,需要在恢复原理和拟合模型上开发新思路;② 密闭取芯是减少损失气量的有效方法,但常规密闭取芯设备在非常规储层含气量测量时基本无效,常规密闭液难以密闭提钻过程中解吸出来的天然气,可以在密闭方式和取芯筒上进行改进。

（2）解吸气测量。

解吸气测量中存在的问题主要有:① 在部分解吸实验设备中,使用导管将样品罐与集气量筒进行连接,存在较大的气体空载体积,常有大量空气混入集气量筒并参与解吸气量计量,严重降低了仪器的测量精度,也影响了后期的气体组分分析;② 测试设备温度控制范围窄,无法模拟各类储层温压条件,限制了深层样品含气量测试结果的可靠性;③ 游离气、吸附气及溶解气的构成比例不易确定。提高解吸气的测量精度是含气量解吸系统的关键,分析现有设备影响测试精度的主要原因,采取有针对性的改进措施,去除冗长导管,改善设备结构,增加测试稳定性是需要解决的主要问题。

（3）残余气测量。

残余气的获取具有重要的理论研究意义,它代表了现实生产中无法采出的气量。使岩芯中残余的天然气快速、充分地析出是需要解决的关键技术。球磨法是目前残余气测量的主要方法,但通过压碎研磨一般只能将储层破碎至 60 目左右,而非常规储层天然气初级空间以微米—纳米孔为主,因此球磨法通常无法使残余气完全解吸;在操作过程中无法排除空气混入的影响,并会导致部分残余气体散失,测量精度较低;研磨机较笨重,实验时间较长,携带操作不便,解吸速度慢。

二、含气量影响因素

泥页岩层系中的天然气以吸附态和游离态共存（Curtis,2002;张金川,2008）,影响吸附气含量和游离气含量的因素均会影响页岩总含气量大小。

研究认为,影响页岩总含气量的因素可分为内部条件和外部条件两类。

（一）内部条件

内部条件主要指泥页岩层系自身的生气和储集能力,主要包括有机碳含量、有机质类型与成熟度、储集物性、厚度、矿物组成等因素。

1. 有机碳含量

有机质是在页岩中形成天然气聚集的核心要素。其作用主要表现在4个方面:① 有机质的存在使泥页岩层系本身具有生气能力,生成的烃类首先使泥页岩层系自身达到饱和后才能开始向外运移。当处于生气窗范围内时,在其他条件相同的情况下,有机碳含量高则总生气量大。② 有机质是吸附天然气的主要介质,有机质越丰富,则比表面积越大,能够吸附的天然气越多。③ 有机质中发育大量的纳米级孔、微孔隙,且这些孔隙会随着有机质热演化成熟度的增加而增加,它们是储集游离气的重要空间。④ 有机质在泥页岩层系中的连续分布状态决定了页岩气连续分布、无明确物理边界的非常规资源基本特征。在以上4个方面作用的影响下,页岩有机碳含量越高,越有利于页岩气聚集。

美国已商业开发的海相页岩层系有机碳含量主要分布范围为 0.5%～25.0%。美国地质调查局、美国先进能源公司、斯伦贝谢公司及多位研究者(Schmoker,1999;Bowker,2007)认为,产气页岩的平均有机碳含量下限为2%。例如,福特沃斯盆地 Barnett 页岩 Newark East 气田生产井岩屑样品有机碳含量范围为 1%～5%,平均为 2.5%～3.5%,且有机碳含量高的地方页岩气产量大;阿巴拉契亚盆地 Ohio 页岩的产气部分有机碳含量均大于 2%(Curtis,2002)。

我国页岩气地质条件复杂,类型多、层系多、构造演化期次多。结合我国近年的页岩气勘探开发实践,主流观点认为,我国具有页岩气资源潜力的有机碳含量下限为 0.5%(张金川等,2012),可进行页岩气开发的泥页岩层系有机碳含量下限应大于 2%(邹才能等,2009),最好为 3%～10%(包书景,2012)。

2. 有机质类型与成熟度

有机质类型和成熟度决定了泥页岩的生烃产物和页岩气成因类型。页岩中赋存的各种类型有机质均具有生成天然气的潜力,但生烃演化特征各具特点,成熟度是影响页岩产气率的重要因素。埋藏较浅时,当具备适于甲烷菌活动的条件时,各种类型的有机质均可被微生物降解产生生物气,随着埋深的增加发生热降解或热裂解形成热成因气。Jarvie等(2007)认为,有机质的转化不仅能形成天然气,还能提高泥页岩基质中的孔隙度。在热成因气生气窗内,从 I,II_1,II_2 型到 III 型有机质,总生气量依次减小,生气门限依次降低。通常认为,I 型有机质在 R_o 达到 1.2% 时开始进入生气高峰,II 型有机质 R_o 为 0.7%～1.0% 时开始大量生气,III 型有机质 R_o 达到 0.5% 时即开始生气。当 R_o 大于 2% 时,各种类型有机质仍具有相对稳定的生气和储气能力。

美国页岩气主要产于泥盆系、石炭系、侏罗系和白垩系,有机质类型以海相 I 和 II 型为主。生物成因页岩气开发深度范围为 152～671 m,热成因页岩气开发深度范围为 914～4 115 m,有机质成熟度(R_o)范围为 0.4%～3.0%,以热成因气为主(Schenk and Pollastro,2002)。例如,美国 Barnett 页岩气能产生工业气流的最佳成熟度指标 R_o 为

1.4%,Marcellus 页岩有机质 R_o 超过了 3.0%,但在已部分石墨化的焦沥青基质中仍然存在孔隙并具有储集能力(Laughrey et al.,2011)。

根据我国渤海湾盆地和鄂尔多斯盆地陆相富有机质泥页岩的生烃模拟实验结果,Ⅰ型干酪根在 R_o 大于 1.2%时以生气为主,其中Ⅰ型干酪根的生气率是Ⅲ型干酪根的 5~6 倍,Ⅱ₁ 和Ⅱ₂ 型干酪根的生气率分别是Ⅲ型干酪根的 2~4 倍,Ⅱ型有机质 R_o 在 1.0%左右由油窗进入凝析油和湿气窗。

3. 储集物性

在常规油气勘探开发过程中,含气孔隙度下限从 10%下降为 5%,致密砂岩气的开发使含气孔隙度下限降低为 3%,页岩气则进一步将具有开发价值的含气孔隙度下限降低为 1%,原因是页岩储层中不但有游离相天然气,而且还可以缓慢产出与游离气大致相当的吸附气。页岩中的游离气主要赋存在微孔隙和天然裂缝中,孔缝类型主要包括有机质内孔隙、矿物内孔隙、矿物间孔隙、溶蚀孔、构造或成岩微孔缝等,孔缝大小从几纳米到几百微米不等。另外,泥页岩层系中的粉砂岩薄夹层也提供了丰富的储集空间。

页岩基质孔隙度、渗透率通常很低,孔隙度为 1%~5%,渗透率为 $(0.1\sim1)\times10^{-6}$ mD,其值通常与微裂缝发育密切相关。页岩裂缝在页岩气聚集和开发中均具有双重作用:① 在页岩气聚集中,一方面适度发育的裂缝是天然气储集的有效空间和良好场所,能够在很大程度上改善页岩孔渗性,增加页岩地层中的游离气含量;另一方面,它又可能导致页岩中天然气的散失和泄漏,减小页岩地层的含气量甚至破坏页岩气藏。② 在页岩气开发中,一方面裂缝为天然气向井筒中的流动提供了通道(页岩本身具有非常低的原始渗透率,如果天然裂缝发育不够充分,则需要通过压裂来产生更多裂缝以使更多的裂缝与井筒相连);另一方面,如果裂缝规模过大,则可能导致天然气散失或气、水层相通。例如,在福特沃斯盆地 Barnett 页岩中,裂缝特别发育的区域往往是天然气产率最低的地区,页岩气高产井主体均分布在裂缝欠发育的地区(Bowker,2007)。通常认为,在相同的力学背景下,泥页岩厚度、有机碳含量、矿物成分及含量等是影响裂缝发育的重要因素。目前,进行商业化开采的页岩气藏,少数天然微裂缝发育(约 10%),大多数需要进行压力改造形成微裂缝(约 90%)。

4. 厚 度

厚度是指包含薄夹层在内的泥页岩层系厚度,其对页岩气形成的影响主要表现在 4 个方面:① 较大的厚度使泥页岩层系具有足够的生气量和储集空间,保证了一定的规模;② 较大的厚度更有利于页岩气的保存,减少页岩气中游离部分的散失量;③ 在快速沉积的背景下,较大的厚度易于形成异常高压,利于产出较高的含气量;④ 在对页岩进行压裂时,较大的厚度能有效避免压穿窜水现象。

美国已开发页岩气的页岩厚度为 6~180 m,例如,Arkoma 前陆盆地的 Fayetteville 海相页岩有效厚度为 6~60 m,Fortworth 前陆盆地 Barnett 海相页岩有效厚度为 30~

180 m，Michigan 克拉通盆地 Antrima 海相页岩有效厚度为 20～40 m。

5. 矿物组成

泥页岩主要由黏土矿物、黏土粒级的碎屑矿物及有机质组成。黏土矿物主要包括伊利石、蒙脱石等，是吸附有机质的重要介质。通常黏土矿物含量与有机碳含量成正比。碎屑矿物以石英、长石、碳酸盐矿物及黄铁矿为主，多为黏土级、粉砂粒级，主体表现为脆性。碎屑矿物含量影响页岩的力学性质与可压裂性，通常认为脆性矿物含量大于 30% 时方可适于压裂开发。

（二）外部条件

外部条件主要指泥页岩层系所处的环境。在内部条件各参数达到下限的前提下，外部条件可能对含气量起主要控制作用。

1. 埋藏深度

页岩中吸附气与游离气共存，埋藏深度跨度大。美国 1821 年第一口天然气（页岩气）井在地下仅 8 m 深处产出的天然气即用于路灯照明，目前产气页岩最深为 4 270 m；我国南方地区在页岩中开采金属固体矿产的地表水平巷道中，页岩气析出导致甲烷富集，增大了瓦斯的爆炸危险，亦在埋深 3 500 m 以下获得良好试气效果。

埋藏深度对页岩含气量的影响十分明显。随着埋藏深度的增加，页岩所处环境发生的变化主要有：① 有机质热成熟度增加、生气量增加、有机质内孔隙增加；② 压力增大、温度升高，影响吸附气含量；③ 封闭性增强，保存条件变好等。

随着埋深增加，生气量增加，游离气与吸附气含量均缓慢增加。压力和温度对含气量的影响可划分为 3 个阶段：① 阶段一，压力的增大使吸附气含量迅速增加，游离气含量缓慢增加。② 阶段二，当压力增大到一定值后，吸附气含量的增加变缓并趋于一定值，游离气含量超过吸附气含量。③ 阶段三，温度对吸附气含量的影响超过压力或与压力的影响相当，吸附气含量保持不变或降低；温度对游离气含量的影响不明显，游离气含量仍缓慢增加。从这 3 个阶段整体变化来看，当深度较浅时，吸附气含量相对较高，随埋深增加而逐渐增加，游离气含量逐渐增大。总体特征表现为页岩总含气量随埋深增加而增大。

随着页岩储层埋深的增加，开发页岩气必要的水平钻井和储层压裂改造成本投入迅速增加（图 4-13）。因此，在气价和采收率一定的情况下，为了保证经济收益，在有利区优选，尤其是在开发目标优选中，需要考虑储层埋深与含气量两者之间的关系，希望埋深较大的产层具有更高的含气量。

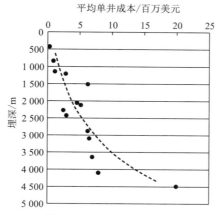

图 4-13 美国页岩气钻井成本与埋深关系图

2. 湿 度

湿度对页岩含气量的影响作用较为复杂,与页岩成岩作用、有机质演化生烃等因素有关。在成岩及生烃作用的双重影响下,湿度往往随页岩埋深的增加而减小。当页岩中有机碳含量较低、成熟度较低或页岩成岩作用较弱时,页岩储层中可含大量残余水,页岩储层表现为亲水特点,此时地层水具有比天然气更强的吸附能力,页岩中的残余水将占据大量活性表面,从而使天然气吸附能力下降。此外,页岩孔隙与喉道也很可能被水阻塞,导致天然气连通性较差,湿度越大越不利于吸附气含量增加;若页岩有机碳含量丰富、有机质成熟度较高、页岩成岩作用较强,则页岩孔隙的内表面可能表现为憎水特点,此时页岩孔隙中可能没有或有极少孔隙水存在,这种情况下湿度对页岩含气量的影响较小。

3. 保存条件

影响页岩气保存条件的因素主要有构造变动、抬升剥蚀、地下水活动、页岩厚度、盖层岩性、断裂发育等。在研究页岩气保存条件时,需综合考虑以下因素:① 是否会由于厚度较薄或盖层及岩性组合变化导致所含天然气易于逸散;② 是否会在后期的一次或多次抬升剥蚀中由于地层压力下降导致部分气量脱吸附;③ 是否会在后期构造运动中由于褶皱、断裂等作用造成散失;④ 是否会由于埋藏较浅等原因而处于地下水交替相对活跃带,造成页岩气散失等。页岩气保存条件目前尚难以定量评价,需结合具体地质条件进行综合研究。

内部条件和外部条件的共同作用决定了页岩中现今的含气量。要形成页岩气聚集,首先需具备基本的内部条件,使内部条件各因素指标值在下限以上;当内部条件适当时,外部条件将对含气量的大小起主控作用。其中,有机碳含量、有机碳成熟度、埋深、裂缝及保存条件等是影响页岩含气量的关键因素。

4. 影响因素间的补偿关系

具有较高的吸附气含量(20%~80%)是页岩气的典型特征。根据页岩的等温吸附特征,随着地层压力的增加,吸附气含量依照 Langmuir 模型变化。对渝东南地区下志留统龙马溪组不同 *TOC* 值的页岩岩芯样品(有机质类型为Ⅰ型,R_o 均在 2.0% 左右)进行了等温吸附测试,分析结果揭示了在有机质成熟的条件下,页岩埋深、吸附含气量与 *TOC* 之间的关系(图 4-14):

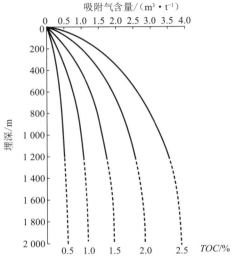

图 4-14　渝东南地区下志留统龙马溪组黑色页岩含气量变化图

(1) 埋深相同时,页岩 *TOC* 值越高,吸附气含量越大。

(2) 若 *TOC* 值一定,则随着埋深增加,地层压力升高,页岩吸附气含量逐渐升高,到 1 200 m 左右增幅减小,吸附气含量逐步稳定,趋于一个定值。例如,页岩 *TOC* 为 2.0% 时,1 200 m 以下页岩的最大吸附气含量稳定在 2.5 m³/t 左右。

(3) 要达到同一含气量,埋深越小就需要有更高的 *TOC* 值,亦即页岩埋深与吸附气含量具有相互补偿的关系(表 4-2)。以达到吸附气含量 1.0 m³/t 为例来看,埋深 500 m 时需要页岩 *TOC* 大于 1.4%,而在 2 000 m 深度时,*TOC* 只需大于 0.9% 即可。

表 4-2　吸附气含量的埋深与 *TOC* 补偿关系

吸附气含量/(m³·t⁻¹)	埋深/m	TOC/%
0.5	500	0.8
	1 000	0.6
	1 500	0.5
	2 000	0.5
1.0	500	1.4
	1 000	1.1
	1 500	0.9
	2 000	0.9

续表

吸附气含量/(m³·t⁻¹)	埋深/m	TOC/%
1.5	500	1.7
	1 000	1.5
	1 500	1.3
	2 000	1.3
2.0	500	2.2
	1 000	1.8
	1 500	1.6
	2 000	1.6

可见,页岩含气量、埋深及有机碳含量之间具有相互补偿关系,这种补偿关系使得页岩气目标层段的优选很难用统一的标准值来确定,要获得具有经济价值的天然气产量,对于不同类型、不同埋深的页岩气,要求页岩的有机碳含量、含气量等下限值不同。当埋藏深度较浅、开发成本较低、采收率较高时,较低的有机碳含量也是值得考虑的研究对象。

初步研究表明,页岩的含气量同时与多个影响因素有关,而不仅仅受控于某单一因素。当有机碳含量较低时,页岩的厚度、有机质成熟度等其他因素可以对其进行一定程度的补偿而使含气量保持一定规模。同理,当另外一项因素较弱时,其他因素亦可以对其含气量产生弥补作用。因此,只要各因素搭配合理,就能获得较大的含气量。我国目前积累的页岩气生产数据较少,各项参数经济界限值的确定还需在不断积累实际资料的基础上开展深化研究。

页岩中的吸附气含量与有机碳含量密切相关,其纵向变化规律相对容易掌握,但游离气含量影响因素多,变化复杂,吸/游值难以确定,使得页岩总含气量纵向上表现出更复杂的变化。

美国商业化开采的页岩气主要产自 7 个盆地中的 9 套页岩层,每套产气页岩的参数特征各不相同。其主要页岩产层的埋深范围从近 200 m 到 4 115 m,含气量范围从近 0.5 m³/t 到 9.91 m³/t 变化,且埋深越大,产层的总含气量越高。将美国主要页岩气产层的含气量、埋深的最大值和最小值分别投入坐标中,发现埋深与含气量的变化关系存在几个明显区域(图 4-15)。根据这些散点可以找到 3 条特征直线和 3 个典型分区。

直线 a 代表产气页岩在不同埋深的最小含气量,相当于含气量最小包络线,设 D 为埋深(m),q 为页岩含气量(m³/t),则按 $D=1\,740q+116.5$ 呈直线变化;直线 c 代表产气页岩在不同埋深的最大含气量,相当于含气量最大包络线,按 $D=236.6q-13$ 呈直线变化;直线 b 代表产气页岩在不同埋深的平均含气量,按 $D=534.32q+19.5$ 呈直线变化。按照该变化规律,埋深 1 000 m 时页岩的经济含气量下限为 0.5 m³/t,2 000 m 处页岩的经济含气量下限为 1.0 m³/t。

3 条直线将坐标区划分为 3 个区域,区域 A 代表页岩含气量低的区域,基本不具有经济价值；区域 B 代表在自然条件或经过储层改造后能够产出工业天然气流的页岩含气量区域；区域 C 代表页岩天然裂缝十分发育，含气饱和度高，为常规泥页岩裂缝气藏区域。

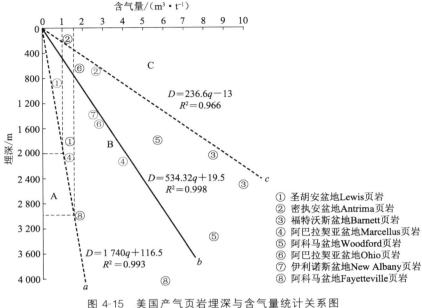

图 4-15　美国产气页岩埋深与含气量统计关系图

三、含气量变化规律

页岩含气量的实测方法主要包括现场解吸法和等温吸附实验法，但两种方法都存在一些目前尚未解决的问题，影响了含气量测试结果数据代表的含义、精度和可靠性。本书中应用多元统计法，筛选含气量主控因素，尝试建立页岩含气量统计预测模型。

（一）含气量主控因素及补偿关系

目前对含气量影响因素的分析多为单因素研究，无论是内部条件还是外部条件，单地质因素对含气量的影响（即在其他条件相同的情况下，某一因素的变化对页岩含气量的影响）规律已基本清楚，例如，有机碳含量与含气量成正相关关系等。但在实际地质条件中，往往是多种因素同时变化，同时对页岩含气量产生影响，此时需要综合考虑各因素对含气量变化的控制程度和影响大小，预测多因素同时作用时页岩含气量的变化规律。

从图 4-16 可以看到，由于页岩层系时代和沉积环境不同，美国 17 个主力产气页岩中，埋藏深度小的页岩层系具有较高的有机碳含量和孔隙度，而埋藏较深的页岩层系具有相对较小的有机碳含量和孔隙度。如果按照单因素影响含气量的变化规律，有机碳含量和孔隙度都与含气量成正比，则页岩总含气量应当是埋深越大数值越小。但实际情况恰恰相反，由单井储量所表征的页岩含气量数据显示，埋深大的页岩层系具有更高的含气量。该现象表明，埋藏深度对页岩含气量的影响程度要远大于有机碳含量和孔隙度的影响程度。因此,要掌握实际条件下页岩含气量的变化规律,就必须研究多因素同时变化条件下的含气量变化规律,查明主控因素。

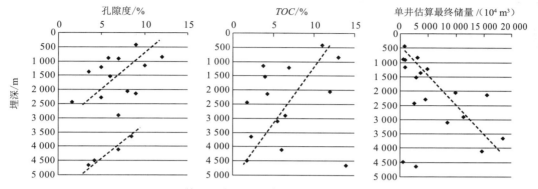

图 4-16　美国主力产气页岩特征随埋深变化关系图

图中数据来源于 EIA(2011),数据点为 Marcellus,Big Sandy,Devonian Low Thermal Maturity,Greater Siltstone,New Albany,Antrim,Haynesville,Eagle Ford,Floyd-Neal & Conasauga,Fayetteville,Woodford-Western,Woodford-Central,Cana Woodford,Barnett, Mancos,Lewis,Hilliard-Baxter-Mancos 产气页岩参数平均值

单元分析所反映的是某一个因素与含气量之间的关系,但在大多数情况下,仅仅考虑单个因素是不够的。实际地质条件下,需要对含气量和多个因素之间的联系进行考查。通过开展多元统计分析建立多元线性回归模型是解决该问题的有效方法。

多元线性回归分析要求回归模型所包含的参数之间不能具有较强的线性关系,这对于回归模型的估计和检验很重要,如果无法满足这些假定,模型参数的普通最小二乘估计将存在一系列问题。因此,对模型中的参数应进行初步分析,确定它们之间无明显线性关系后才能参加统计回归。

(二) 美国页岩含气量统计规律

美国的页岩气主要发现于中—古生界(D—K),含气盆地围绕加拿大地盾呈"U"形分布。目前,除东北部地区盆地,如阿巴拉契亚盆地、密执安盆地、伊利诺斯盆地等之外,已在中西部地区盆地,如威利斯顿盆地、圣胡安盆地、丹佛盆地、福特沃斯盆地、阿纳达科盆地等获得重大进展。根据美国主要页岩气产区基本参数值(表 4-3),基于多元线性回归分析基本假定前提,采用多元逐步回归方法,对含气量主控因素进行逐步筛选,建立了含气量预测的多元线性模型。

设 q 为含气量(m^3/t),C 为有机碳含量(%),D 为埋深(km),Φ 为孔隙度(%),H 为厚度(m),则美国海相产气页岩含气量多元线性回归模型为:

$$q = 0.44D + 0.16\Phi + 0.05H + 0.02C \qquad (4\text{-}2)$$

(多元相关系数 $R = 0.91$,判定系数 $R^2 = 0.83$)

模型表明,在影响含气量的众多因素中,影响程度比较大的主控因素依次为埋深、孔隙度、厚度及有机碳含量。

表 4-3 美国主要页岩气产区基本参数平均值(据 EIA,2011 汇编)

区 域	页岩	面积 /km²	TOC/%	R_o/%	孔隙度 /%	厚度 /m	埋深 /m	含气量 /(m³·t⁻¹)	单井控制面积 /km²	单井估算最终储量 /(10⁴ m³)
东北区	Marcellus	27 511.0	12.0	2.9	8.0	38.0	2 057	2.60	0.32	9 910.9
	Big Sandy	22 468.3	3.8	—	10.0	53.0	1 158	1.72	0.32	920.3
	Devonian Low Thermal Maturity	118 736.0	—		7.0	113.0	914	1.36	0.37	833.1
	Greater Siltstone	59 347.3	—	—	5.8	190.0	887	1.37	0.24	546.5
	New Albany	4 144.0	13.0	0.6	12.0	61.0	838	1.85	0.32	3 114.9
	Antrim	31 080.0	11.0	0.5	9.0	29.0	427	1.98	0.37	792.9
墨西哥湾沿岸	Haynesville	9 256.7	2.3	2.6	8.5	76.0	3 658	8.61	0.32	18 405.9
	Eagle Ford	518.0	4.3	1.3	9.0	61.0	2 134	3.64	0.65	15 574.2
	Floyd-Neal & Conasauga	6 291.1	1.8	—	1.6	40.0	2 438	1.20	1.30	2 548.5
中大陆	Fayetteville	11 655.0	6.9	2.1	5.0	34.0	1 219	3.96	0.32	4 813.9
	Woodford-Western	7 511.0	6.5	2.2	7.0	46.0	2 896	8.00	0.65	11 326.7
	Woodford-Central	4 662.0	4.0	1.8	6.0	76.0	1 524	5.80	0.65	2 831.7
	Cana Woodford	1 781.9	6.0	2.8	7.0	61.0	4 115	7.90	0.65	14 724.7
西南区	Barnett	10 554.3	4.5	1.6	5.0	91.0	2 286	9.20	0.47	4 530.7
	Barnett-Woodford	6 969.7	5.5	—	—	122.0	3 109	8.00	0.65	8 495.0
落基山区	Mancos	17 065.5	14.0	1.8	3.5	914.0	4 648	5.20	0.32	2 831.7
	Lewis	19 440.5	1.7	1.7	3.5	76.0	1 372	0.82	0.86	3 681.2
	Hilliard-Baxter-Mancos	42 517.4	1.8	1.4	4.3	937.0	4 496	0.96	0.32	509.7

(三)我国海、陆相页岩含气量初步统计规律

我国不同沉积类型泥页岩地化特征差异大(图 4-17),可靠的页岩含气量数据相对较少。研究期间,对渝东南地区、辽河坳陷、延长探区等多口页岩取芯井开展页岩岩芯含气量现场解吸工作,并对岩芯样品进行系统的实验测试。在此基础上,进一步开展系统的资料搜集工作,筛选获取方法相对可靠、精度较高、通过现场解吸获得的总含量作为有效数据,梳理、总结我国海相、海陆过渡相及陆相页岩气发现井的主要参数(表4-4~表4-6),并应用多元回归方法对参数进行统计分析。

我国海相页岩含气量多元线性回归模型为:

$$q = 0.97D + 0.20\Phi + 0.01H + 0.01C \tag{4-3}$$

(多元相关系数 $R = 0.95$,判定系数 $R^2 = 0.90$)

我国海陆过渡相由于数据资料较少,含气量预测模型尚难以建立。

我国陆相页岩含气量多元线性回归模型为:

$$q = 0.05D + 0.11\Phi + 0.01H + 0.59C \tag{4-4}$$

(多元相关系数 $R = 0.93$,判定系数 $R^2 = 0.87$)

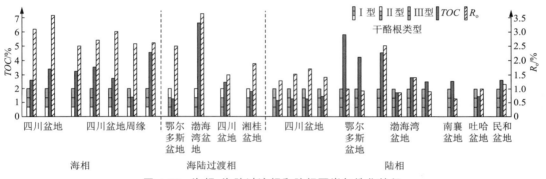

图 4-17　海相、海陆过渡相和陆相页岩气地化特征

表 4-4　我国海相含气页岩基本参数平均值

类型	盆地	构造单元	泥页岩层系	代表井	含气量/(m³·t⁻¹)	TOC/%	埋深/m	孔隙度/%	Rₒ/%	厚度/m
海相	四川盆地	川南威远—长宁地区	志留系龙马溪组	威201、宁201、长芯1、阳63等	2.8	2.6	2 900	3.0	3.1	60.0
			寒武系筇竹寺组	威001-2、威5、资2等	1.9	3.3	3 600	2.0	3.6	50.0
	露头区	渝东南地区	志留系龙马溪组	渝页1、黔页1、彭页1等	2.1	3.2	600	2.8	2.5	140.0
			寒武系牛蹄塘组	渝科1、酉科1等	1.5	3.4	750	3.7	2.7	175.0
		渝东北地区	寒武系筇竹寺组	城浅1、松浅1等	0.4	2.7	500	5.2	3.0	110.0
		黔北地区	志留系龙马溪组	黔浅1等	2.9	1.2	1 300	3.8	2.6	110.0
			寒武系筇竹寺(牛蹄塘)组	岑页1、方深1等	4.1	4.5	1 500	8.2	2.6	170.0

表 4-5　我国海陆过渡相含气页岩基本参数平均值

类型	盆地	构造单元	泥页岩层系	代表井	含气量/(m³·t⁻¹)	TOC/%	埋深/m	孔隙度/%	R_o/%	厚度/m
海陆过渡相	鄂尔多斯盆地	延长探区	石炭—二叠系山西组	延页 5、米 35、苏 373 等	1.6	1.1	2 815	1.2	2.5	80.0
	渤海湾盆地	辽河坳陷东部凸起	石炭—二叠系太原组	佟 2905、佟 3、乐古 2 等	2.3	6.7	1 368	5.0	3.8	34.0
	四川盆地	川西坳陷	三叠系须家河组	川合 100、川孝 560、新 11 等	2.8	2.4	3 100	1.6	1.5	10.0
	湘桂地区	湘中坳陷涟源凹陷	二叠系大隆组—龙潭组	湘页 1 等	1.5	1.8	610	3.0	1.9	30.0

表 4-6　我国陆相含气页岩基本参数平均值

类型	盆地	构造单元	泥页岩层系	代表井	含气量/(m³·t⁻¹)	TOC/%	埋深/m	孔隙度/%	R_o/%	厚度/m
陆相	四川盆地及周缘	建南地区	侏罗系自流井组东岳庙段	建页 HF-1 等	0.6	1.1	610	2.3	1.3	73.0
		元坝地区	侏罗系千佛崖组千二段	元陆 4 等	1.4	1.2	3 580	4.1	1.5	100.0
			自流井组东岳庙段—大安寨段	元陆 9、元坝 21、元坝 101 等	1.5	1.2	3 967	3.6	1.7	230.0
		涪陵地区	侏罗系自流井组大安寨段	兴隆 101 等	4.1	1.4	2 210	3.3	1.4	136.0
	鄂尔多斯盆地	延长探区	三叠系延长组长 7 段	柳评 171、柳评 179、万 169 等	2.9	5.8	1 495	1.0	1.0	55.0
			三叠系延长组长 9 段	柳评 171、万 169 等	3.1	4.2	1 580	1.8	0.9	11.0
	渤海湾盆地	辽河坳陷西部凹陷	古近系沙河街组沙四段	雷 84 等	4.8	4.5	2 769	3.2	2.5	150.0
			古近系沙河街组沙三段	曙古 165 等	3.0	1.7	2 726	3.6	0.7	50.0
		辽河坳陷东部凹陷	古近系沙河街组沙三段	于 120、沈 224 等	1.9	2.8	3 200	5.7	1.3	24.0
		东濮凹陷	古近系沙河街组沙三段	濮 1-1HF、卫 68-1HF、濮深 18-1 等	1.7	2.5	3 200	9.0	0.9	35.0
	南襄盆地	泌阳凹陷	古近系核桃园组	安深 1 等	4.0	2.5	2 495	6.7	0.6	90.0
	吐哈盆地	台北凹陷、三堡凹陷	侏罗系水西沟群和三叠系小泉沟群	柯 26、红旗 3、柯 25、三堡 1 等	2.8	1.4	2 800	5.0	1.0	45.0
	民和盆地	马场垣构造带	侏罗系窑街组	垣 1、盘 1、武 1 等	4.2	2.6	2 538	2.8	1.2	90.0

将各种类型数据统一回归,得到我国页岩含气量多元线性回归模型为:

$$q = 0.43D + 0.03\Phi + 0.01H + 0.37C \tag{4-5}$$

(多元相关系数 $R=0.92$,判定系数 $R^2=0.85$)

结合对单因素影响页岩含气量的分析和认识,筛选出埋深、有机碳含量、孔隙度及厚度 4 个主控因素,它们满足多元线性回归分析包含的自变量之间不能具有线性关系的基本假设前提,其中有机碳含量、孔隙度和厚度代表页岩的内部条件,埋深代表页岩所处的外部条件。

对比不同类型泥页岩含气量预测模型中各参数所占权重(表 4-7)可以看出,在美国海相和我国海相页岩含气量的统计模型中,埋深所占权重最大,分别为 66% 和 82%,这与海相页岩有机碳含量和有机质成熟度整体较高有关,海相页岩有机碳含量超过 0.5% 下限且已达到生气门限已不成为主要问题,但海相页岩盆内盆外构造地质条件迥异,尤其是我国南方地区构造演化复杂,埋藏深度能够间接反映出页岩气的保存条件和所处的温度压力环境,相对地就成为含气量的最大主控因素。由此可进一步认为,在页岩有机碳含量等内部因素达到下限的前提下,埋深等外部条件对页岩含气量具有决定作用。

表 4-7　不同类型泥页岩含气量主控因素权重对比

权　重	埋　深	孔隙度	厚　度	有机碳含量
美国海相泥页岩含气量	66%	24%	7%	3%
我国海相泥页岩含气量	82%	16%	1%	1%
我国陆相泥页岩含气量	7%	14%	1%	78%

相对地,我国陆相页岩含气量统计模型中,有机碳含量所占权重最大,达到 78%。我国陆相有效生气页岩主要分布在盆地内埋深较大(多数超过 2 000 m)的位置,保存条件好,地层压力等页岩气外部条件适宜,埋深转变为次要因素。而对陆相泥页岩沉积来说,泥页岩有机碳含量变化范围大,$TOC>2\%$ 即被划分为优质气源岩,整体数值不高,有相当一部分泥页岩 TOC 已低于 0.5% 下限。此时,有机碳含量的变化对含气量的影响相对最大。由此可进一步认为,在泥页岩有机碳含量等因素不是十分优秀的情况下,内部条件将对页岩含气量起到主要控制作用。

此外,泥页岩基质孔隙度变化不大(一般小于 5%),如果有裂缝不同程度的发育,对含气量可能会有较大影响,但由于其规律目前尚难以掌握且难以定量化,在本次多元统计模型中未予考虑。

有机质类型、成熟度、黏土矿物含量等参数虽然对含气量也有影响,但当多个参数同时变化时,这些参数对含气量的影响相对较小,为了提高预测模型的实用性和可操作性,在模型中忽略不计。

第五章
页岩气地质评价与选区

资源评价贯穿整个页岩气勘探开发过程中,包括资源量计算和有利区优选两方面主要任务。页岩气资源评价关键参数获取、资源量计算方法及有利区优选方法是受到普遍关注的问题。

第一节　研究现状

一、国外现状

北美进行页岩气地质评价的内容主要包括:地层、沉积和构造特征,页岩层系厚度、埋深,岩石和矿物成分,储集空间类型、储集物性,泥页岩储层的非均质性,岩石力学参数,有机地球化学,页岩的吸附特征和聚气机理,区域现今应力场特征,流体压力和储层温度,流体饱和度及流体性质,开发区基本条件等。

美国主要产气页岩各项参数差异较大(表5-1),许多学者对页岩含气量的影响因素做了有益探索(Mavor et al.,1994;Curtis,2002;Hill and Lombardi,2002;Jarvie et al.,2007)。美国页岩气的勘探开发经验表明,页岩气产出较好的地区通常有较高的有机碳含量、厚度、孔隙度和渗透率,适当的热成熟度和深度,以及裂缝、湿度、温度、压力等要素的良好匹配(Mavor,2003;Montgomery et al.,2005;Ross and Bustin,2008)。

表 5-1　美国典型页岩气区主要特征

盆　地	阿巴拉契亚	密执安	伊利诺斯	福特沃斯堡	圣胡安	阿科马	
页岩名称	Ohio	Antrim	New Albany	Barnett	Lewis	Woodford	Fayetteville
时　代	泥盆纪	泥盆纪	泥盆纪	早石炭世	早白垩世	晚泥盆世	早石炭世
气体成因	热解气	生物气	热解气、生物气	热解气	热解气	热解气	热解气
盆地面积/km²	281 000	316 000	—	38 100	—	88 000	
埋深/m	610~1 524	183~730	183~1 494	1 981~2 591	914~1 829	1 829~3 353	3 048~4 115

续表

盆　　地	阿巴拉契亚	密执安	伊利诺斯	福特沃斯堡	圣胡安	阿科马	
净厚度/m	91～610	49	31～140	61～152	152～579	37～67	6～76
干酪根类型	Ⅱ	Ⅰ	Ⅱ	Ⅱ	Ⅲ为主,少量Ⅱ	Ⅱ	Ⅱ
TOC/%	0.5～23	0.3～24	1～25	1～13	0.45～3	1～14	2～9.8
R_o/%	0.4～4.0	0.4～0.6	0.4～0.8	1.0～2.1	1.6～1.9	1.1～3.0	1.2～4.0
含气量/($m^3 \cdot t^{-1}$)	1.70～2.83	1.13～2.83	1.13～2.64	8.49～9.91	0.37～1.27	5.66～8.50	1.70～6.23
总孔隙度/%	2～11	2～10	5～15	1～6	0.5～5.5	3～9	2～8
渗透率/($10^{-3}\mu m^2$)	<0.1	<0.1	<0.1	0.01	<0.1	<0.1	<0.2
含水饱和度/%	12～35	—	—	25～35	—	—	15～50
储层压力/(10^{-1} MPa)	34～136	<27	21～41	204～272	—	—	—
井控范围/km^2	0.16～0.65	0.16～0.65	0.32	0.24～0.65	0.32	2.59	0.32～0.65
直井初始产量/(10^4 $m^3 \cdot d^{-1}$)	—	0.17	0.07～0.21	—	0.28～0.57	—	0.57～1.17
水平井初始产量/(10^4 $m^3 \cdot d^{-1}$)	1.4～11.3	—	<5.7	1.4～11.3	—	—	2.8～9.9
水平井单井平均可采储量/(10^8 m^3)	<1.06			<0.75			<0.62
采收率/%	17.5	26.0	12.0	13.5	33.0	5.0	8.0
资源丰度/(10^8 $m^3 \cdot km^{-2}$)	1.73	0.69	0.42	7.15	1.74	2.29	6.30
原始地质储量/(10^{12} m^3)	42.475 5	2.152 1	4.530 7	9.259 7	1.738 9	6.513 0	14.725 0
技术可采储量/(10^{12} m^3)	7.419 1	0.566 3	0.543 7	1.246 0	0.566 4	0.322 8	1.178 0

注:表中数据据 Curtis,2002;Warlick,2006;Montgomery et al.,2005;Hill and Lombard,2002;Bowker,2007;龙鹏宇,2011 等修编。

美国将页岩气产区划分为核心区、扩展区和周边区 3 个层次。核心区含气密度大,页岩气储量丰富;扩展区储量、产量适中;周边区范围大,储量低。

在进行有利区优选时,需要的评价参数主要包括有效页岩的厚度、页岩的有机质丰度、页岩的热演化程度、页岩的矿物组成、页岩的含气量、页岩的孔隙度、页岩的渗透率、构造格局、沉积、构造演化史、页岩横向连续性、地层压力、3D 地震资料情况、压裂用水、输气管网及市场、井场情况与地貌环境、污水处理与环保,还包括技术经济条件等相关内容(包书景,2012)。

美国 USGS 通过定量评价美国至少 70 个页岩油气聚集的可采资源,建立了一套页岩气有利区优选的地质和地化标准,并且认为该标准在东南亚和其他地区同样可以起到指导作用(Schenk,2011)。该标准包括:① TOC>2%;② 有机质类型主要为Ⅱ型;③ R_o>1.1%;④ 热成因气,伴有石油;⑤ 基质孔隙度大于 4%;⑥ 低含水饱和度;⑦ 含硅质及碳酸盐岩;⑧ 异常高压并伴有微裂缝;⑨ 有机质页岩厚度大于 15 m;⑩ 易于压裂。

美国国际先进资源公司(ARI,2010)提出的高品质产气页岩区,即核心区的具体特点有:① 足够高的有机物富含量,$TOC>2\%$;② 较高的压力,最好为超压;③ 合适的热成熟度,镜质体反射率 $R_o>1.1\%$,可使页岩层位于干气窗内;④ 基质总孔隙度大于 3%;⑤ 构造应力较低的区域或者隆升盆地(有利于产生具有较高渗透率的微孔隙)。

斯伦贝谢公司(2006)确定的页岩气开发下限指标为:① 孔隙度大于 4%;② $TOC>2\%$;③ 渗透率大于 100 nD(1 nD=1.0×10^{-9} μm^2),与美国先进能源公司提出的页岩储层基本参数相近。

目前,页岩气有利区优选方法基本上采取的是页岩气聚集控制因素叠加的定性方法。由于国外(美国)拥有大量的页岩气开发生产数据,在进行有利区优选时更多地参考了单井(区块)可采储量(EUR)、产量等数据(Schmoker,2002;Pollastro,2007)。

二、我国现状

USGS 及美国页岩气勘探开发公司提出的海相页岩气核心区优选标准对我国具有一定的参考意义,但我国页岩气发育地质条件复杂,美国相关标准不能直接用于我国页岩气有利区的优选。张金川等(2008a,b,c,2009)、龙鹏宇(2011)、王广源等(2010)等对我国不同类型页岩气有利区优选指标作出了有益探索;李延钧等(2011)根据页岩气地质特点和影响因素,归纳出 6 项地质选区评价参数;包书景(2012)结合对国内外含油气页岩特征的分析,认为泥页岩厚度、有机质丰度、热演化程度、岩石脆性矿物含量、储集性能、构造运动、保存条件及埋藏深度等是影响页岩气的形成、富集和勘探开发的主要参数。

我国页岩气有利区优选基本上采取多地质因素定性叠合方法。叠合评价的地质信息主要包括有机质类型及含量、成熟度、厚度、埋深、孔隙度和渗透率、矿物组成等(张金川等,2004,2012a,b)。结合评价区地质条件和资料程度,还可考虑综合页岩生气强度、地层压力、裂缝、含量等参数信息。徐士林和包书景(2009)将生烃强度、烃源岩厚度、R_o 及有机碳含量叠加优选出鄂尔多斯盆地三叠系延长组有利区,认为鄂尔多斯盆地南部定边—华池—富县的"L"型区最有利;蒲泊伶等(2010)选用生烃强度、烃源岩厚度、R_o 及有机碳含量叠加的方法对四川盆地页岩气有利区进行了优选;聂海宽和张金川(2012)选用埋深、厚度、有机碳含量及成熟度叠加的方法对我国南方下寒武统及下志留统页岩气发育有利区进行了预测;王兰生等(2009)、杨振恒等(2009)、董大忠等(2010)等也采用定性叠加方法对不同地区进行过页岩气有利区优选。

在 2011 年全国页岩气资源潜力调查评价及有利区优选工作中,张金川等(2012a,b)依据我国页岩油气资源特点及勘探现状,将页岩气前景区划分为远景区、有利区和目标区三级;在与美国进行对比的基础上,结合页岩气富集机理及我国页岩气地质特点,初步形成了我国海相、海陆过渡相及陆相页岩气远景区、有利区及目标区的优选标准,主要参数包括富有机质泥页岩分布面积、有效厚度、有机碳含量、有机质成熟度、埋深、含气量、可压裂性、地表条件及保存条件等(表5-2)。依据该标准,全国共优选出页岩气有利区180个,面积约 $111 \times 10^4 \ \mathrm{km}^2$。

表 5-2　我国页岩气选区参考指标(据张金川等,2012a,b)

选区	主要参数	海　相	海陆过渡相或陆相
远景区	TOC	平均不小于 0.5%	
	R_o	不小于 1.1%	不小于 0.4%
	埋深	100~4 500 m	
	地表条件	平原、丘陵、山区、高原、沙漠、戈壁等	
	保存条件	现今未严重剥蚀	
有利区	泥页岩面积下限	有可能在其中发现目标(核心)区的最小面积,在稳定区或改造区都可能分布;根据地表条件及资源分布等多因素考虑,面积下限为 200~500 km²	
	泥页岩厚度	厚度稳定,单层厚度≥10 m	单层泥页岩厚度≥10 m;或泥地比>60%,单层泥岩厚度>6 m且连续厚度≥30 m
	TOC	平均不小于 1.5%	
	R_o	Ⅰ型干酪根≥1.2%;Ⅱ型干酪根≥0.7%;Ⅲ型干酪根≥0.5%	
	埋深	300~4 500 m	
	地表条件	地形高差较小,如平原、丘陵、低山、中山、沙漠等	
	总含气量	不小于 0.5 m³/t	
	保存条件	中等—好	
目标区	泥页岩面积下限	有可能在其中形成开发井网并获得工业产量的最小面积,根据地表条件及资源分布等多因素考虑,面积下限为 50~100 km²	
	泥页岩厚度	厚度稳定,单层厚度≥30 m	单层厚度≥30 m;或泥地比>80%,连续厚度≥40 m
	TOC	不小于 2.0%	
	R_o	Ⅰ型干酪根≥1.2%;Ⅱ型干酪根≥0.7%;Ⅲ型干酪根≥0.5%	
	埋深	500~4 000 m	
	总含气量	一般不小于 1 m³/t	
	可压裂性	适合于压裂	
	地表条件	地形高差小且有一定的勘探开发纵深	
	保存条件	好	

第二节　页岩气前景分区

我国地质条件复杂,且页岩气勘探开发工作刚刚起步,虽然目前已在多套层系获得了丰富的页岩气显示,但与美国超过 100 000 口开发井的高成熟阶段相比,积累的页岩气地质资料和生产动态资料都非常少,认识程度低,页岩气参数变化规律难以把握。

从页岩气富集特点来说,相对于常规油气,它有着很大的特殊性,主要表现在:

(1)页岩气聚集不需要常规意义上的圈闭,通常无明确的物理边界和参数边界,在泥页岩层系中呈层状连续分布。

(2)泥页岩本身既是气源岩又是储气层,地化特征与物性特征共同影响泥页岩含气性,物性致密,孔渗极低。

(3)页岩气以游离态和吸附态共同存在于泥页岩层系中,储集物性致密,页岩气不能顺层流动。

(4)页岩含气丰度低,不易识别,含气量等参数不易准确获得。

参数的准确性是页岩气资源评价的基础,决定了评价结果的可信度。页岩气资源评价参数包括地化参数、储层物性参数、岩石矿物学参数、力学参数等多方面,其中含气量是页岩气资源评价的核心和关键参数。目前,页岩气资源评价参数的准确获取和厘定还存在许多问题,例如,页岩地化参数和物性参数的分布模型、有效厚度厘定、含气量的主控因素和变化规律等,影响了页岩气资源量计算和有利区优选结果的合理性。

北美页岩气资源评价方法相对成熟,但主要适用于海相页岩气开发中后期。我国页岩气地质条件复杂,类型多、层系多、分区特征明显,且现阶段页岩气勘探开发程度低、开发资料少,部分参数难以准确把握。针对我国页岩气的这些特点,页岩气资源选区目前已有一些方法探索,但尚不能很好满足页岩气开发需要,还需加强针对性,以提高评价结果的可信度。

国内外用于页岩气资源评价的方法有几十种,但基本都属于资源量的预测方法,页岩气有利区优选方法较少,是页岩气油气资源评价工作中较薄弱的环节。目前,对页岩气有利区优选方法的探索主要以定性为主。由于页岩气特殊的聚集机理,评价关键参数之间具有互补和制约关系,需要在进行有利区优选时厘清各参数之间的关系,加强评价参数之间的数学研究。探索页岩气有利区优选定量方法,不仅有利于提高页岩气资源评价的可靠性,更有利于指导页岩气勘探开发方向。

总之,适用于我国现阶段的页岩气资源评价方法应重点考虑以下几点:① 与常规油气相比,页岩气具有成层分布特点,没有明确的富集边界;② 我国页岩气地质条件复杂,类型多样,非均质性强;③ 现阶段评价关键参数资料积累少。基于上述特点,页岩气资源量计算和选区方法需有针对性,以关键参数研究为基础,探索适合我国页岩气资源评价的方法体系。

页岩气呈层状连续分布,根据勘探开发阶段和选区依据,国内外通常将页岩气分布区划分为远景区、有利区、核心区 3 个级别。

美国最具代表性的 Fort Worth 盆地 Barnett 页岩气远景区(prospective area)面积达 72 520 km²,以 Red River 背斜、Ouachita 逆冲断层带、Llano 隆起为边界。远景区内包含面积约 18 100 km² 的有利区(favorable area),有利区内页岩有机质成熟度(R_o)大于

1.1%,处于生气窗范围,有利区西部以 R_o 等于 1.1% 为界,南部以页岩厚度 30 m 等值线为界,东部以 Ouachita 逆冲断层为界。有利区内最具潜力的区域,即核心区(core area),面积约 4 700 km²,位于盆地东北部,包括 Newark Wast 油气田及其外围区域(Bowker, 2003;Montgomery et al.,2005;Jarvie et al.,2007)。

在 Barnett 页岩气有利区内,围绕着核心区,还划分出扩展区和周边区。核心区页岩气丰度高,储量大;扩展区储量、产量适中;周边区范围大,储量较低。核心区是最早开始钻探和生产的区域,扩展区已进入快速钻探和生产,面积约 5 838 km²,周边区需要进行缓慢开发,约有 10 676 km²。核心区产量比扩展区产量高 60%,是周边区产量的 3 倍(表 5-3)。

表 5-3　Fort Worth 盆地 Barnett 页岩选区参数(据 Bowker,2003)

选区级别	面积/km²	TOC/%	R_o/%	厚度/m	埋深/m	边　界
远景区	72 520	>1	>0.5	>15	0~300	页岩分布区
有利区	18 100	>3.3	>1.1	>30	>300	R_o=1.1% 及厚度=30 m
核心区	4 700	>3.5	>1.3	91~214	>2 000	Newark Wast 油气田及其外围

我国正处于页岩气勘探开发早中期阶段。页岩气远景区是在区域地质调查基础上,掌握区域构造、沉积及地层发育背景,结合地质、地球化学、地球物理等资料,优选出的富有机质页岩发育区及具备页岩气形成地质条件的潜力区域;页岩气有利区是在远景区内进一步优选,在地震、钻井以及实验测试等资料基础上,通过分析泥页岩沉积特点、构造格架、泥页岩地化指标、储集特征、页岩气显示及少量含气性参数优选出来的、经过进一步钻探能够或可能获得页岩气工业气流的区域;页岩气目标区是在页岩气有利区内,基本掌握了泥页岩的空间展布、地化特征、储层物性(含裂缝)、含气量以及开发基础等参数,有一定数量的探井控制并已见到了良好的页岩气显示或产出,在自然条件或经过储层改造后能够具有页岩气商业开发价值的区域。

第三节　要素叠合法优选有利区

一、地质评价信息体系与层次

对于页岩气,页岩本身既是源岩又是储层,为典型的原地生、原地储富集模式,常规油气勘探中分别用于评价烃源岩、储集层、保存和开发条件的参数信息都要集页岩于一身,因此页岩气评价选区的地质信息更加多样和复杂。

页岩气地质评价信息体系由 3 个层次组成(表 5-4):基础信息层主要包含 23 项因素,这 23 项因素反映了 9 个方面特征,构成了组合信息层,9 个组合信息构成了页岩气地质条件和工程地质条件两方面综合信息。组合信息中,地质背景主要包括地层、构造格局及沉积、构造演化史信息,地化特征主要包括有机质类型、有机质丰度及热演化程度信息,储

表 5-4　页岩气地质评价信息体系与层次

序　号	基础信息	组合信息	综合信息
1	地　层	地质背景	地质条件
2	构造格局		
3	沉积、构造演化史		
4	有机质类型	地化特征	
5	有机质丰度		
6	热演化程度		
7	孔隙度	储集特征	
8	渗透率		
9	储集空间类型		
10	页岩层系厚度、有效厚度	发育规模	
11	页岩横向连续性		
12	埋　深	环境与保存条件	
13	流体压力和储层温度		
14	地下水与断层		
15	流体性质	含气性	工程地质条件
16	含气量		
17	矿物组成	压裂开发基础条件	
18	岩石力学参数		
19	区域构造应力场特征		
20	地貌环境与井场情况	生产开发条件	
21	压裂用水		
22	输气管网及市场		
23	污水处理与环保	环保条件	

集特征主要包括孔隙度、渗透率及储集空间类型信息,发育规模主要包括页岩层系厚度、有效厚度和页岩横向连续性信息,环境与保存条件主要包括埋深、流体压力和储层温度及地下水与断层信息,含气性主要包括流体性质和含气量信息,压裂开发基础条件主要包括矿物组成、岩石力学参数及区域构造应力场特征信息,生产开发条件主要包括地貌环境与井场情况、压裂用水、输气管网及市场信息,环保条件主要包括污水处理与环保信息。

在地质评价的基础上,从勘探迈向开发还需进一步考虑技术、经济条件等相关要素。

二、信息递进叠合选区

多信息叠合是利用地质参数的非均质性,对评价区已有资料进行综合处理的一种定量—半定量方法。这种方法的目的是综合多项基础地质信息,把地质信息值按照某种约定的算法叠加,得到能够近似表征含气有利性的新的组合信息,为制订勘探方案提供依据。多信息叠合评价法的基本思想是:首先把控制页岩气形成的各种单一地质因素作为基础地质信息,将其绘制成基础地质信息图;然后把不同的基础地质信息图按照权重叠加得到组合地质信息图;最后将组合地质信息图按照权重叠加生成综合地质信息图。

　　页岩气勘探过程中,从优选远景区,到有利区,再到优选核心区,是一个资料逐步丰富、信息逐步综合、依据逐步充分、认识逐步加深且目标范围逐步缩小的递进过程(图 5-1)。远景区优选实际上是寻找富有机质泥页岩发育的地区,主要考虑地质背景和泥页岩基本地化条件;有利区优选则要在考虑地质背景和基本地化条件的基础上,进一步综合有机地球化学特征、储集特征、规模、保存条件及少量含气特征等信息进行优选;核心区在有利区综合地质信息的基础上,需进一步考虑含气性、矿物组成、岩石力学特征、应力场、地貌及水源等开发基础条件。因此,选区过程实际上是一个信息递进叠合的综合过程。该方法中,选区信息体系和权重分配可依据含气量预测模型或结合评价区具体地质特点来确定。

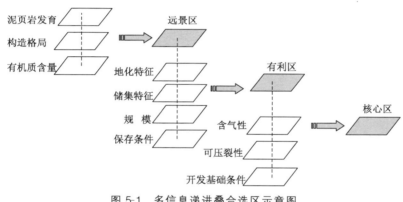

图 5-1　多信息递进叠合选区示意图

三、预测方法与步骤

　　信息递进叠合方法预测有利区的主要步骤为:

　　(1)资料归类与分级。对整理收集到的地质信息进行归类,形成层次分明的信息体系,该体系通常分为基础地质信息和组合地质信息两个层次,同类的基础地质信息叠加构成组合信息,组合信息叠加构成综合信息。

　　(2)基础地质信息叠合前处理。为了保持各种地质信息在叠合中的等价性及可加性,一般采用级差正规化方法,将各种基础地质信息变换到[0,1]区间内。对于非数值型参数信息,例如保存条件,可按照好坏程度划分等级,给不同等级赋不同数值,以实现定量—半定量化。

　　(3)基础地质信息的平面插值和成图。在基础地质信息分布稀疏离散的情况下,对基础地质信息进行平面插值处理,生成统一比例尺的基础地质信息图。

（4）确定权重和叠加方法。结合评价区地质特点,根据各种基础地质信息或组合地质信息对页岩气富集所起的作用大小赋予不同的权重值。叠合方法主要有累加叠加、乘积叠加和取小叠加。

（5）生成综合信息图。把同类基础地质信息图平面上同一坐标点的 m 种基础地质信息值进行加权累加、取小叠加,形成组合地质信息图。把不同组合地质信息图叠加即形成综合信息图,依据该图数值变化,划定有利区。

第四节　模糊数学法优选有利区

一、模糊综合评判法原理

模糊数学概念由美国控制论专家 Zadeh 于 1965 年提出,是用数学方法研究和处理"模糊性"现象的数学方法。模糊性是指事物之间的差异没有截然分开的界限,而是呈过渡状态渐变,具有界限的"不分明性",例如,岩石的颜色、成藏条件的优劣等。由于事物之间的差异具有模糊性,所以描述它们特征的变量也是模糊的,即各变量的分级、归类也没有明显的数值界限。地质作用是复杂的,有些特征可以定量度量,有些却无法用定量的数值来表达,只能用客观模糊或主观模糊的准则进行推断或识别。

页岩气形成和富集的地质现象具有典型的模糊性。页岩气的富集不像常规油气那样具有明确的圈闭范围和油水边界,而是呈层状连续分布,具有普遍含气性,含气量呈连续非均质性变化,其含气边界具有典型的模糊性,不同含气特征之间没有明显界限,无法用截然分开的物理界限和数值界限确定页岩气的范围。此外,描述页岩气特征的地质变量也是模糊的,例如页岩的含气性、保存条件的好坏、富集条件有利性等,没有明显的定量数值界限对它们分级。因此,用模糊数学方法处理页岩气选区问题是合适的。

模糊综合评判法的基本原理是,评价某地质对象的好坏时,分别构建评价因素集合 U 及其子集 U_i、评价级别集合 V、权重分配集合 A 及其子集 A_i、相对评语表示子集 $R(U_i)$ 等,由 U 到 V 的模糊映射组成综合评价变换矩阵,再按照权重分配求出各个评价对象的综合评价值,按照该值大小对评价对象进行评价和排序。

评价区带含气性时主要依据 n 个地质因素,则构成因素集合 U,即

$$U = \{U_1, U_2, \cdots, U_n\} \tag{5-1}$$

把评价结果分成 m 个级别,则构成评价集合 V,即

$$V = \{V_1, V_2, \cdots, V_m\} \tag{5-2}$$

根据每个地质因素所起的作用大小,构成评价因素权重分配集合 A,即

$$A = \{A_1, A_2, \ldots, A_n\}$$

建立从 U 到 V 的 n 个模糊映射,构成综合评价变换矩阵 $\boldsymbol{R}$,即

$$R = \begin{bmatrix} r_{11} & r_{12} & \cdots & r_{1m} \\ r_{21} & r_{22} & \cdots & r_{2m} \\ \vdots & \vdots & & \vdots \\ r_{n1} & r_{n2} & \cdots & r_{nm} \end{bmatrix} \qquad (5\text{-}3)$$

A 与 R 按照矩阵合成算子合成，称为目标的综合评价。

$$B = A \cdot R \qquad (5\text{-}4)$$

式中，B 为综合评价矩阵。

每个评价目标含气性的综合评价值 D 为：

$$D = B \cdot C^{\mathrm{T}} \qquad (5\text{-}5)$$

式中，C^{T} 为等级矩阵的转置矩阵。

依据 D 值对评价对象进行排序。

二、预测方法与步骤

模糊综合评判法的实施步骤为：

（1）构建评价因素集合。整理收集到的资料，将地质资料分为不同类型和级别，若用 n 项地质因素评价某地质对象的好坏，则构成 n 项评价因素的集合 U，其中 U_i 是集合 U 的元素或子集，当 U_i 是 U 的子集时，它可由 n_i 项元素或次一级子集组成。

（2）选择适宜的评价级别集合。评价级别集合 V 可以划分为{好，中，差}或{好，较好，中等，较差，差}或更细。

（3）单因素决断。形成从 U 到 V 的模糊映射，则所有单因素的模糊映射就构成了一个模糊关系矩阵或综合评价变换矩阵（R）。

（4）确定权重分配集。$A = \{A_1, A_2, \cdots, A_n\}$，要求 $\sum_{i=1}^{n} A_i = 1$。

（5）选择算子。矩阵合成算子主要有取小取大运算、乘积取大运算、取小求和运算及乘积求和运算，常用的是乘积求和运算。

（6）合成综合评价矩阵 B。$B = A \cdot R$

（7）有利性综合评价。根据 $D = B \cdot C^{\mathrm{T}}$ 数值大小对评价对象进行综合评价和排序。

模糊综合评判通常借助计算机软件完成。

第五节　实例分析

我国海相页岩气资源约有一半分布在南方盆地外的露头区，这些露头区勘探程度低，资料获取主要依靠页岩露头，要开展进一步的资源评价工作需钻探大量调查井以获取资源评价基础参数。基于大量的野外地质调查工作，结合我国南方海相页岩气地质条件，初步提出了我国南方海相页岩露头区调查井井位优选标准,并以黔西北地区为例,应用模糊综合评判法进行调查井井位优选。

一、露头区调查井井位优选标准

露头区主要是指处于现今盆地外围、具有富有机质泥页岩分布,但常规油气勘探极少或未做过勘探工作,地震、钻井等相关资料极少或基本没有资料的空白区。我国南方古生界海相富有机质页岩在扬子地区广泛分布,其中空白区占到总面积的一半以上。根据页岩气聚集机理特殊性,这些浅埋区也具有页岩气资源潜力,且已在部分地区获得突破。因此,露头区是页岩气勘探的重要领域,开展露头区页岩气资源调查与勘探具有重要的意义。

调查井是以获取资料、发现页岩气为目的所钻探的井,是露头区页岩气勘探的主要手段。调查井井位的优选决定了获取资料的完整度和页岩气发现的早晚。由于露头区通常构造、地貌条件非常复杂,又缺乏地震等信息资料的指导和参考,只能依据露头地质调查及露头样品的分析测试资料,调查井井位的优选非常困难的,可以采用模糊综合评判法对调查井井位进行优选。

根据我国南方页岩气地质条件和资料条件,提出了调查井井位的评语分级标准和权重分配(表 5-5 和表 5-6),该分级标准由 2 个子集构成,分别是地质条件子集(权重 0.7)和工程地质条件子集(权重 0.3),各子集由多个因素组成。该分级标准可在运用过程中结合实际资料和地质特点参考使用。

表 5-5　露头区页岩气调查井井位优选地质条件分级标准

地质因素	评　语					权　重
	好	较　好	中　等	较　差	差	
页岩厚度/m	>40	30~40	20~30	10~20	<10	0.10
预测深度/m	1 000~1 500	800~1 000 或 1 500~1 800	600~800 或 1 800~2 000	300~600 或 2 000~3 000	<300 或>3 000	0.15
地层倾角/(°)	<10	10~20	20~30	30~40	>40	0.10
断裂发育程度	弱	较　弱	中　等	发　育	断裂带	0.10
与最近露头的距离/km	>2.0	1.0~2.0	0.5~1.0	<0.5	<0.1	0.10
有机碳含量/%	>2.0	1.0~2.0	0.5~1.0	0.4~0.5	<0.4	0.10
有机质成熟度/%	1.2~2.0	1.0~1.2 或 2.0~2.5	2.5~3.5	3.5~4.0	<1.0 或>4.0	0.05
脆性矿物含量/%	40~50	50~55 或 35~40	55~60 或 30~35	60~65 或 25~30	<25 或>65	0.05
应力场/构造运动	应力平衡区	应力较弱区	应力定向区	应力复杂区	应力集中区	0.05
地下水、地表水条件	不活跃	活动弱	活动较强	活动强	强烈交换	0.10

地质因素	评　语					权重
	好	较　好	中　等	较　差	差	
开口层位确定程度	确　定	相对确定	基本确定	推　测	不确定	0.10
合　计						1.00

表 5-6　露头区页岩气调查井井位优选工程地质条件分级标准

工程地质因素	评　语					权重
	好	较　好	中　等	较　差	差	
井场地形高差/m	<100	100～200	200～300	>300	>500	0.10
与村庄、铁路、景区、水库、电网等设施的距离	远　离	较　近	邻　近	贴　近	重　叠	0.05
需辅修、改造的进场道路/m	0	50	500	>1 000	>2 000	0.10
道路交通	国　道	省　道	县　道	乡　道	仅小型车辆可通行	0.20
勘探纵深面积/km²	>10	5～10	2～5	<2	0	0.10
可利用水源	丰　富	较丰富	一　般	缺　水	无地表水	0.15
空中障碍物	无障碍	轻微遮挡	遮　挡	可改造性遮挡	严重遮挡	0.10
土地使用情况	废弃矿场	荒　地	差　地	良　田	特殊用地	0.20
合　计						1.00

二、黔西北地区井位优选

(一)评价区地质概况

黔西北地区位于贵州省西北部,以隆起区为主,包括黔中隆起及其北部。评价区北与川南坳陷相邻,东与武陵坳陷相邻,南与黔南坳陷、黔西南坳陷相邻,西为滇东隆起。地质结构总体上以冲断-褶皱类型为主,区内发育北东向褶皱,呈雁行式排列,形成复式背斜。

黔西北地区富有机质页岩主要发育下寒武统牛蹄塘组、下志留统龙马溪组及二叠系龙潭组等。下寒武统牛蹄塘组泥页岩分布稳定,全区发育,有机质类型为Ⅰ型,有机碳含量普遍高于 2%,最高可达 9.94%,热演化成熟度高。下志留统龙马溪组页岩沉积于滞留盆地和深水陆棚环境,为一套笔石页岩,厚度一般为 50～200 m;有机质类型主体为Ⅰ型,个别地区发育Ⅱ₁型;TOC 普遍高于 2%,全区平均为 3.09%,有机质成熟度高。二叠系龙潭组煤系泥质岩有机质类型以Ⅱ₂型为主,也有少量Ⅰ和Ⅲ型分布;有机碳含量为 3.74%～5.77%,平均为 4.76%。

区内油气勘探程度低,资料少,页岩气的勘探调查需要部署一批调查井,以获取基础资料和页岩气发现。通过大量野外地质调查和井位论证工作,初步确定了 A,B,C,D,E 5 口调查井井位(表 5-7),需要通过进一步的工作从中优选 2 口井开展钻探。

表 5-7　5 口调查井井位特征

井 位	A 井	B 井	C 井	D 井	E 井
页岩目的层	龙马溪组	龙马溪组	牛蹄塘组	牛蹄塘组	龙潭组
页岩厚度/m	>40	>40	30~40	>40	20~30
预测深度/m	500~1 000	500~1 000	1 000~1 500	500~1 000	500~1 000
地层倾角/(°)	10~20	10~20	<10	10~20	<10
断裂发育程度	中 等	中 等	较 弱	较 弱	发 育
与最近露头的距离/km	1.0~2.0	0.5~1.0	>2.0	>2.0	>2.0
有机碳含量/%	>2	>2	>2	>2	>2
有机质成熟度/%	2.0~2.5	2.0~2.5	2.5~3.5	2.5~3.5	2.0~2.5
脆性矿物含量/%	30~40	30~40	40~50	40~50	30~40
应力场/构造运动	应力定向区	应力定向区	应力较弱区	应力较弱区	应力定向区
地下水、地表水活动	较 强	较 强	弱	弱	弱
开口层位确定程度	相对确定	相对确定	相对确定	确 定	确 定
井场地形高差/m	100~200	100~200	100~200	200~300	<100
与村庄、铁路、景区、水库、电网等设施的距离	较 近	较 近	较 近	远 离	远 离
需辅修、改造的进场道路/m	>1 000	0	0	0	50
道路交通	县 道	县 道	省 道	省 道	乡 道
勘探纵深面积/km²	5~10	5~10	5~10	5~10	2~5
可利用水源	较丰富	较丰富	丰 富	缺 水	较丰富
空中障碍物	轻微遮挡	轻微遮挡	轻微遮挡	无障碍	无障碍
土地使用情况	荒 地	良 田	荒 地	差 地	良 田
地质背景认知程度	一 般	一 般	系 统	系 统	一 般
产状点控程度	8	8	8	8	8
露头点控程度	2	2	3	3	3

(二) 井位优选

根据露头区地质条件和资料条件,构建页岩气调查井井位评价因素集合 U,即

$$U = \{地质条件 U_1, 工程地质条件 U_2\} \qquad (5-6)$$

其中,U_1 和 U_2 为集合 U 的子集。

$U_1 = \{$页岩厚度 U_{11},预测深度 U_{12},地层倾角 U_{13},断裂发育程度 U_{14},与最近露头的距离 U_{15},有机碳含量 U_{16},有机质成熟度 U_{17},脆性矿物含量 U_{18},应力场/构造运动 U_{19},地下

水、地表水活动 U_{110}，开口层位确定程度 U_{111}}

U_2＝{井场地形高差 U_{21}，与村庄、铁路、景区、水库、电网等设施的距离 U_{22}，需辅修、改造的进场道路 U_{23}，道路交通 U_{24}，勘探纵深面积 U_{25}，可利用水源 U_{26}，空中障碍物 U_{27}，土地使用情况 U_{28}}

U 的权重分配集合为：

$$A=\{0.7,0.3\}$$
$$A_1=\{0.10,0.15,0.10,0.10,0.10,0.10,0.05,0.05,0.05,0.10,0.10\}$$
$$A_2=\{0.10,0.05,0.10,0.20,0.10,0.15,0.10,0.20\}$$

把井位有利程度分为 5 个级别，评价集合为：

$$V=\{好,较好,中等,较差,差\}$$

从 U 到 V 的模糊映射称为因素评价 R 集合，可按照表 5-8 中的评语级别表示。

根据露头区页岩气调查井位优选地质条件评语分级标准（表 5-5 和表 5-6），将表 5-7 中各井的地质特征转换为评语描述，得到各井各因素的评语（表 5-9）。

表 5-8　5 个级别的评语表

级　别	评　语				
	－2	－1	0	1	2
好	0	0	0	0.20	0.80
较　好	0	0	0.20	0.60	0.20
中　等	0	0.25	0.50	0.25	0
较　差	0.20	0.60	0.20	0	0
差	0.80	0.20	0	0	0

表 5-9　各井各因素评语

子　集	因　素	A 井	B 井	C 井	D 井	E 井
地质因素	页岩厚度	好	好	较　好	好	中　等
	预测深度	中　等	中　等	好	中　等	中　等
	地层倾角	较　好	较　好	好	较　好	好
	断裂发育程度	中　等	中　等	较　好	较　好	较　差
	与最近露头的距离	较　好	中　等	好	好	好
	有机碳含量	好	好	好	好	好
	有机质成熟度	较　好	较　好	中　等	中　等	较　好
	脆性矿物含量	中　等	中　等	好	好	中　等
	应力场/构造运动	中　等	中　等	较　好	较　好	中　等
	地下水、地表水条件	中　等	中　等	较　好	较　好	较　好
	开口层位确定程度	较　好	较　好	较　好	好	好

子　集	因　素	A 井	B 井	C 井	D 井	E 井
工程地质因素	井场地形高差	较　好	较　好	较　好	中　等	好
	与村庄、铁路、景区、水库、电网等设施的距离	较　好	较　好	较　好	好	好
	需辅修、改造的进场道路	较　差	好	好	好	较　好
	道路交通	中　等	中　等	较　好	较　好	较　差
	勘探纵深面积	较　好	较　好	较　好	较　好	中　等
	可利用水源	较　好	较　好	好	较　差	较　好
	空中障碍物	较　好	较　好	较　好	好	好
	土地使用情况	较　好	较　差	较　好	中　等	较　差

1. 地质条件评价

将 A 井地质因素评语按照表 5-8 和表 5-9 中的评语级别形成 R_{11}，它是 A 井第 1 项评价因素（地质条件子集）的综合评价变换矩阵。按照乘积求和计算，A 井地质条件的综合评价 B_{11} 为：

$$B_{11} = A_1 \cdot R_{11}$$

$$= (0.10, 0.15, 0.10, 0.10, 0.10, 0.10, 0.05, 0.05, 0.05, 0.10, 0.10) \begin{pmatrix} 0 & 0 & 0 & 0.20 & 0.80 \\ 0 & 0.25 & 0.50 & 0.25 & 0 \\ 0 & 0 & 0.20 & 0.60 & 0.20 \\ 0 & 0.25 & 0.50 & 0.25 & 0 \\ 0 & 0 & 0.20 & 0.60 & 0.20 \\ 0 & 0 & 0 & 0.20 & 0.80 \\ 0 & 0 & 0.20 & 0.60 & 0.20 \\ 0 & 0.25 & 0.50 & 0.25 & 0 \\ 0 & 0.25 & 0.50 & 0.25 & 0 \\ 0 & 0.25 & 0.50 & 0.25 & 0 \\ 0 & 0 & 0.20 & 0.60 & 0.20 \end{pmatrix}$$

$$= (0, 0.112\,5, 0.295\,0, 0.362\,5, 0.230\,0)$$

按同样的方法计算,得到 B,C,D,E 井的地质条件综合评价为：

$$B_{21} = (0, 0.137\,5, 0.325\,0, 0.327\,5, 0.210\,0)$$

$$B_{31} = (0, 0.012\,5, 0.115\,0, 0.382\,5, 0.490\,0)$$

$$B_{41} = (0, 0.05, 0.17, 0.35, 0.43)$$

$$B_{51} = (0.020\,0, 0.147\,5, 0.225\,0, 0.257\,5, 0.350\,0)$$

A 井地质条件综合评价值为：

$$D_{11} = (0,0.112\ 5,0.295\ 0,0.362\ 5,0.230\ 0)\begin{pmatrix}-2\\-1\\0\\1\\2\end{pmatrix} = 0.71$$

B,C,D,E 井地质条件综合评价值分别为 0.61,1.35,1.16,0.77,因此,从地质条件来看,5 口井的有利性排序依次为 C 井、D 井、E 井、A 井、B 井。

2. 工程地质条件评价

将 A 井工程地质因素评语按照表 5-8 和表 5-9 的评语级别形成 R_{12},它是 A 井第 2 项评价因素(工程地质条件子集)的综合评价变换矩阵。按照乘积求和计算,A 井地质条件的综合评价 B_{12} 为:

$B_{12} = A_2 \cdot R_{12}$

$$= (0.10,0.05,0.10,0.20,0.10,0.15,0.10,0.20)\begin{pmatrix}0 & 0 & 0.20 & 0.60 & 0.20\\0 & 0 & 0.20 & 0.60 & 0.20\\0 & 0.60 & 0.20 & 0.20 & 0\\0 & 0.25 & 0.50 & 0.25 & 0\\0 & 0 & 0.20 & 0.60 & 0.20\\0 & 0 & 0.20 & 0.60 & 0.20\\0 & 0 & 0.20 & 0.60 & 0.20\\0 & 0 & 0.20 & 0.60 & 0.20\end{pmatrix}$$

$= (0.02,0.11,0.26,0.49,0.14)$

按同样的方法计算,得到 B,C,D,E 井的工程质条件综合评价为:

$$B_{22} = (0.04,0.17,0.24,0.37,0.18)$$
$$B_{32} = (0,0,0.15,0.50,0.35)$$
$$B_{42} = (0.030,0.165,0.240,0.305,0.260)$$
$$B_{52} = (0.080,0.265,0.180,0.225,0.250)$$

A 井工程地质条件综合评价值为:

$$D_{12} = (0.02,0.11,0.26,0.49,0.14)\begin{pmatrix}-2\\-1\\0\\1\\2\end{pmatrix} = 0.62$$

B,C,D,E 井工程地质条件综合评价值分别为 0.48,1.20,0.60,0.30,因此,从工程地质条件来看,5 口井的有利性排序依次为 C 井、A 井、D 井、B 井、E 井。

3. 井位综合评价

A 井的综合评价为：

$$B_1 = A \cdot R_1 = (0.7, 0.3) \begin{pmatrix} 0 & 0.112\,5 & 0.295\,0 & 0.362\,5 & 0.230\,0 \\ 0.020\,0 & 0.110\,0 & 0.260\,0 & 0.490\,0 & 0.140\,0 \end{pmatrix}$$

$$= (0.006\,00, 0.111\,75, 0.284\,50, 0.400\,75, 0.203\,00)$$

同样的方法得到 B,C,D,E 井的综合评价为：

$$B_2 = (0.012\,00, 0.147\,25, 0.299\,50, 0.340\,25, 0.201\,00)$$

$$B_3 = (0, 0.008\,75, 0.125\,50, 0.417\,75, 0.448\,00)$$

$$B_4 = (0.009\,0, 0.084\,5, 0.191\,0, 0.336\,5, 0.379\,0)$$

$$B_5 = (0.038\,00, 0.182\,75, 0.211\,50, 0.247\,75, 0.320\,00)$$

A 井综合评价值为：

$$D_1 = (0.006\,00, 0.111\,75, 0.284\,50, 0.400\,75, 0.203\,00) \begin{pmatrix} -2 \\ -1 \\ 0 \\ 1 \\ 2 \end{pmatrix} = 0.683$$

B,C,D,E 井工程地质条件综合评价值分别为 0.571, 1.305, 0.992, 0.629。

综合地质条件与工程地质条件(表 5-10),5 口井的综合有利性排序依次为 C 井、D 井、A 井、E 井、B 井。

表 5-10 5 口井综合评价分值

分　值	A 井	B 井	C 井	D 井	E 井
地质条件评价分值	0.71	0.61	1.35	1.16	0.77
工程地质条件评价分值	0.62	0.48	1.20	0.60	0.30
综合评价分值	0.683	0.571	1.305	0.992	0.629

第六章
页岩气资源潜力评价

第一节　研究现状

一、国外现状

北美页岩气资源量/储量计算以经济效益为核心,在计算方法和参数选取上主要依靠生产开发动态资料,以确保计算结果的可靠性。

1993 年,$King$ 等以物质平衡原理为基础,对页岩气和煤层气开发中平均地层压力与采气量之间的隐含关系进行了分析,建立了物质平衡方程,通过描绘 p/Z^*(Z^* 为非常规天然气气体压缩因子)与 Gp 图,计算出页岩气总资源量。物质平衡法要求气藏压力测值更为精确,既要求原始地层压力,又要求生产期间不同时段内的平均地层压力,同时要求具有这一时间段的油气产出体积量,主要适用于页岩气田开发的中后期。

1999 年,美国地质调查局($USGS$)为连续型油气藏资源评价提出 $FORSPAN$ 法。该方法以页岩储层的每一个含油气单元为对象进行资源评价,即假设每个单元都有油气生产能力,但各单元间含油气性(包括经济性)可以相差很大,以概率形式对每个单元的资源潜力作出预测($USGS$,2003)。$FORSPAN$ 法建立在已有开发数据的基础上,估算结果为未开发原始资源量,因此该方法适合于已开发单元的剩余资源潜力预测。$FORSPAN$ 法涉及参数众多,基本参数有评价目标特征、评价单元特征、地质地球化学特征和勘探开发历史数据等。$USGS$ 在 2003 年、2008 年用该方法对沃斯堡盆地 $Barnett$ 页岩气资源做了估算,2003 年评价结果为 $7\,400 \times 10^8\ m^3$,2008 年评价结果为 $2.66 \times 10^{12}\ m^3$。

2006 年,美国国际先进资源公司(ARI)提出以 1 口井控制的范围为最小估算单元,把评价区划分成若干最小估算单元,通过对每个最小估算单元的储量计算,得到整个评价区的资源量数据,并用该方法估算了美国 48 个州的页岩气资源,总可采资源量约 $3.97 \times 10^{12}\ m^3$,其中探明可采储量为 $3\,398.04 \times 10^8\ m^3$,待探明可采资源量为 $3.63 \times 10^{12}\ m^3$。该计算结果与 $USGS$,NPC 的估算结果对比:$USGS$(2006)的估算为 $1.7 \times 10^{12}\ m^3$,NPC

（2003）的估算为 $8\,212\times10^8\ m^3$，三者差异明显。ARI 认为，对于诸如页岩气藏这样的连续型气藏的资源潜力评估，对大量资料数据的需要和资源前景的快速变化常常使评估结果差异较大，且对甜点的选择更加困难。因此，引入地质新认识、钻井和完井技术进步、大量专家论证及动态评价非常重要。斯伦贝谢公司亦从 2006 年开始使用该单井（动态）储量估算法。

2007 年，*Jarvie* 应用成因法对 *Barnett* 页岩中残留的页岩气资源量进行了计算和评价，在原始有机碳含量为 6.41%、原始生烃潜量为 $27.84\ mg\ HC/g\ rock$、厚度为 $106.7\ m$、面积为 $2.6\ km^2$ 的 *Barnett* 页岩中计算页岩气资源量约为 $5.8\times10^8\ m^3$。*Talukdar* 等（2008）建立了 *Haynesville* 页岩地球化学模型来评价其页岩气资源量。

Lee（2007）、*Lee* 和 *Sidle*（2010）以生产数据为基础，使用阿普斯递减曲线的指数、双曲线及调和曲线 3 种形式，从生产历史曲线上建立生产下降的趋势，并设计出未来的生产趋势，直至井的经济极限，从而估算出页岩气资源储量。*Johnson* 等（2009）等提出了改进模型。

页岩气资源量计算包括游离气体积和吸附气体积两部分。对于游离气部分，通常借助地质模型来描述气藏的几何形态，通过对气藏厚度、孔隙度、含水饱和度及储层的平面展布进行评估来确定模型所需参数，将这些参数输入地质模型，从而确定气藏的体积。结合气藏压力、温度条件下的流体性质，评估出气藏中单位岩石游离气的体积。对于吸附气部分，在缺乏等温吸附实验数据的情况下，通常参考成熟区块页岩气中吸附气含量所占的比例，粗略估算资源量；在对样品做等温吸附实验的情况下，假定吸附状态为单分子层吸附，利用 *Langmuir* 平衡方程 $g_{cs}=V_L p/(p+p_L)$ 求得单位岩石含气量；在有测井等资料的情况下，可进一步对 *Langmuir* 方程进行修正求解，得到一定温度条件下的吸附气含量（*Lewis et al.*，2010）。体积法适用于页岩气勘探开发中的各个阶段。

英国页岩气工业尚处于起步阶段，2010 年，英国能源与气候变化部通过与美国页岩气富集条件的类比，预测英国页岩气资源潜力约为 $1\,500\times10^8\ m^3$。类比法主要用于新区和勘探开发早期的资源评价，评价区与参照区关联常用的地质因素主要包括有机碳含量（TOC）、热成熟度（R_o）、分布面积、产层厚度、埋深、气体成因及类型、岩性和沉积环境、原始压力和温度等。

在勘探开发实践积累的基础上，斯伦贝谢公司通过测井数据以及岩芯分析等资料，建立了关于吸附气含量、游离气含量以及总含气量的数学模型和与测井曲线的对应关系（*Lewis et al.*，2010），从而达到通过测井曲线评价页岩气资源量的目的。其涉及的主要参数包括岩性、矿物及黏土含量、有机碳含量（TOC）、含水饱和度（S_w）、基质密度、孔隙度及基质渗透率等。测井分析法适用于钻井评价和开发期间，需要以大量钻井、录井、测井及岩芯分析工作为基础。

数值模拟方法是以生产数据为基础，适用于气藏开发阶段。进入开发生产后，利用数值模拟软件对已获得的储层参数和实际的生产数据（或试采数据）进行拟合匹配，最后获取气井的预计生产曲线和可采储量。*Kalantari-Dahaghi* 和 *Mohaghegh*（2009）提出了 *Top-Down* 智能储层模型，其计算步骤主要包括：① 对产量历史数据进行递减曲线分析；

② 对生产数据进行特征曲线拟合;③ 拓展预测模型,基于建立的数据库,利用人工智能等手段进行储量等的计算。此外,埃克森·美孚建立了 *Bayesian Belief Networks*(BBN)模型(*Steffen*,2010),它通过概率的手段模拟页岩气等非常规天然气资源,并且可以与地理信息系统(GIS)相结合,提供更为快捷的评价计算。*Special Core Analysis Laboratory* 公司的"*Quick-Desorption and Shale Evaluation*"软件(SCAL Inc,2011),计算出的总含气量包括测量的气体、散失的气体以及滞留的气体 3 部分。

北美在页岩气勘探初期主要用类比法及体积法计算页岩气资源量,投入开发的气田每年或二三年要用产量递减曲线法或油气藏模拟法计算页岩气储量的变化(*Kuuskraa*,2006)。

二、我国现状

我国目前处于页岩气勘探开发早中期,生产开发动态资料不充分,资源评价主要以静态资料为主。对我国页岩气资源潜力的探讨始于 2008 年,张金川等(2008b)采用类比法、体积法、成因法及特尔菲法等,对我国主要盆地和地区的页岩气资源量进行了初步估算。计算结果表明,我国主要盆地和地区的页岩气资源量为$(15\sim30)\times10^{12}\ m^3$,中值为 23.5$\times10^{12}\ m^3$。

随后,我国不同学者分别采用类比法(陈波和兰正凯,2009;徐士林和包书景,2009;王广源等,2010;徐波等,2011)、成因法(叶军和曾华盛,2008)、体积(董大忠等,2009;王社教等,2009;李延钧等,2011;李玉喜等,2011)及综合法(张抗和谭云冬,2009;朱华,2011)对我国不同地区、不同层系的页岩气资源潜力进行了探索性定量评价。

中国地质大学(北京)、国土资源部油气战略研究中心、中国石油勘探开发研究院、中国石化勘探开发研究院、中国工程院等分别对我国页岩气资源量进行了研究,概算或估计我国页岩气可采资源量介于$(10\sim32)\times10^{12}\ m^3$ 之间。美国能源信息署(EIA,2011)公布的全球页岩气资源评估结果显示,我国页岩气技术可采资源量为 $36\times10^{12}\ m^3$,排名世界第一。

为了摸清我国页岩气资源潜力,初步优选出有利区,为国家编制经济社会发展规划和能源中长期发展规划提供了科学依据,国土资源部于 2010 年开始组织开展全国页岩气资源潜力调查评价及有利区优选工作。张金川等(2012a)针对我国现阶段页岩气资源评价特点和资料条件,建立了预测页岩气资源潜力的概率体积法。该方法在项目中得到了推广应用。2011 年度的初步评价和优选结果是,我国陆上页岩气地质资源量和可采资源量分别为 $134.42\times10^{12}\ m^3$ 和 $25.08\times10^{12}\ m^3$(不含青藏区)。

概率体积法是针对非常规储层天然气聚集机理和过程复杂,其本身没有唯一确定的物理边界,我国的页岩气类型多且地质条件复杂,页岩气勘探地质资料少、认识程度低等特点建立的。采用概率体积法计算页岩油气资源量的过程,所有的参数均表示为给定条件下事件发生的可能性或条件性概率,表现为不同概率条件下地质过程及计算参数发生的概率可能性。通过对取得的各项参数进行合理性分析,确定参数变化规律及分布范围,经统计分析后分别赋予不同的特征概率值。为约束评价结果的合理性,提高计算精度,概率体积法中的参数赋值采用五级赋值法,即包括了从 P₅ 到 P₉₅ 的 5 个概率赋值。计算结果汇总后,以概率(期望值)形式对页岩气资源量进行表征。

概率体积法资源量计算结果与一定阶段内的认识程度和技术水平有关,计算结果的可靠性和准确度依赖于对参数概率赋值的把握程度,计算结果受资料掌握程度的影响较大,所得的资源量计算概率结果具有一定的时效性,有效时间依赖于资料和勘探进度的变化。

第二节 地球化学法

成因法评价页岩气资源量需要基于大量的地球化学参数,也叫地球化学物质平衡法,适用于页岩气勘探开发早中期阶段的资源量计算。

一、生烃门限与排烃门限

Tissot 和 *Welte*(1984)提出的干酪根晚期降解成烃理论已被几十年来的油气勘探实践所证实,其中,生烃门限是干酪根热降解生烃模式中的一个重要概念。生烃门限是有机质开始大量生烃的起点,岩石只有进入生烃门限后才能大量生烃而成为烃源岩。如果有机质经历的温度低于生油门限温度,或者其埋藏深度小于生油门限深度,则有机质不会生成大量烃类。生烃门限对应的镜质体反射率一般为 0.5%。在此基础上,黄第藩(1996)提出的有机质生烃演化综合模式补充了未熟—低熟石油的生成过程,强调了不同类型有机质生烃的差异性。

庞雄奇等(1997,2004)结合生产实践提出了排烃门限的概念,排烃门限指烃源岩在埋藏演化过程中,生烃量满足了自身吸附以及孔隙水溶、油溶(气)和毛细管饱和等多种形式的残留需要后,开始以游离相大量排出的临界点。排烃门限是烃源岩含烃从欠饱和到过饱和,从水溶、扩散相排烃到游离相排烃,从少量排烃到大量排烃的转折点。排烃门限的存在已在地球化学、地质、物理模拟及数值模拟等多方面得到证实。

二、源岩残烃量

从成因机理上来说,页岩油气资源就是残留和保存在烃源岩中的烃类。由于盆地地质和演化历史的复杂性,页岩油气的形成过程也是复杂的,要弄清页岩在埋藏历史过程中的每一次有机质生排烃演变过程十分困难。因此,在用成因法考虑页岩油气资源量问题时,可采用黑箱原理,将复杂问题简单化,即不关心页岩油气形成的具体过程,而是把该过程看作一个黑箱,把有机质生烃量看作系统的输入、排烃量看作系统的输出,则依据物质平衡原理,有机质生烃量与排烃量之差即源岩残烃量。

$$Q = Q_{残} = Q_{生} - Q_{排} \tag{6-1}$$

式中,Q 为页岩油气资源量,$10^8\ m^3$;$Q_{残}$ 为源岩残烃量,$10^8\ m^3$;$Q_{生}$ 为有机质生烃量,$10^8\ m^3$;$Q_{排}$ 为排烃量,$10^8\ m^3$。

根据前人提出的生烃门限和排烃门限的概念和含义,页岩达到生烃门限时开始大量生烃但并不排烃,烃类满足源岩自身储集需要时才达到排烃门限开始排烃。从生烃门限到排烃门限之间的那个阶段所形成的烃类就是残留在源岩内供源岩初始饱和的烃量。随着埋深增加,有机质总生烃量增大,烃类分子逐渐缩小,排烃效率增加,页岩中残留的烃量也会在后期的埋藏演化过程中发生幅度不大的变化(图 6-1)。

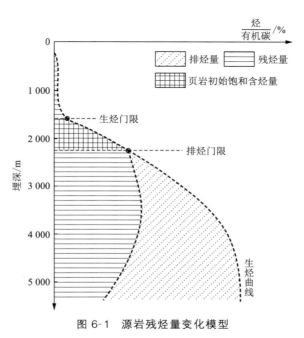

图 6-1　源岩残烃量变化模型

三、预测方法与步骤

不同盆地由于演化历史和地温梯度不同,有机质类型、门限深度等特征可能有很大差异。在用成因法预测页岩油气资源量时,可采用以下步骤:

(1)确定该盆地排烃门限深度及其对应的温压和成熟度条件。

统计该盆地不同深度生烃潜力指数$(S_1+S_2)/TOC$ 的变化。该值通常表现出随埋深增加先升高再降低的趋势。生烃潜力指数最大值所对应的深度即可代表该盆地的排烃门限深度(庞雄奇等,2004)。根据地温梯度计算相应的地层温度和有机质成熟度。

(2)结合热模拟实验确定排烃门限深度条件下的烃产率。

根据该盆地的有机质热模拟实验,确定源岩达到排烃门限时有机质的烃产率。

(3)计算源岩初始饱和含烃量。

根据排烃门限深度条件下的烃产率、TOC、厚度、面积、密度等参数,计算页岩初始饱和含烃量。该值可近似代表页岩油气资源量。

（4）依据热模拟实验分析现今页岩所含流体性质和资源量。

依据热模拟实验中不同演化阶段、不同相态烃的产率,结合源岩残烃模型,分析计算各阶段源岩中烃流体性质及含量,进一步计算得到现今页岩油气资源量。

四、残余系数与排烃系数

在未开展源岩热模拟实验的盆地中,用成因法预测页岩油气资源量时可用生烃量与残余系数相乘来估计页岩油气资源量。

$$Q = Q_{生} \, k_{残} \tag{6-2}$$

式中,$k_{残}$ 为残余系数。

生烃量的计算方法主要有两类:一类是反推法,即由生油岩中残余的有机质推算出生烃量,例如氯仿沥青"A"法、总烃法等;另一类是直接法,即考虑干酪根不同演化阶段的产烃率,如热解法、热模拟法等。

残余系数的确定非常困难,极少有直接针对残余系数的研究。目前可以结合类比法估计研究区的排烃系数,则残余系数为:

$$k_{残} = 1 - k_{排} \tag{6-3}$$

式中,$k_{排}$ 为排烃系数。

排烃系数指油气初次运移量与生烃量之比。图 6-2 和表 6-1 为部分地区排烃系数值及其随埋藏深度的变化。一般情况下,排烃系数随有机质热演化程度的增加而增大。

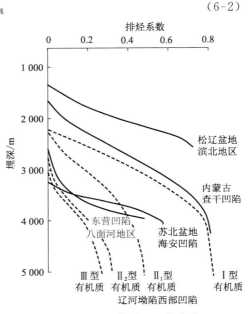

图 6-2 排烃系数随埋深的变化图

表 6-1 部分地区典型井主力源岩段排烃系数表

单 元		典型井主力源岩段排烃系数
辽河坳陷	西部凹陷	0.23~0.27
	大民屯凹陷	0.20
	东部凹陷	0.26~0.30
济阳坳陷	东营凹陷	0.30~0.36
苏北盆地	海安凹陷	0.30~0.40
	高邮凹陷	0.50~0.60
江汉盆地		0.17~0.32
东海椒江盆地		0.46~0.52

第三节　蒙特卡罗法

页岩气藏评价的主要特点有:页岩气聚集呈层状连续分布,含气丰度低,不易识别;不需要寻找圈闭;无明确的物理边界和参数界限,页岩本身既是气源岩又是储气层;地质参数变量具有更大的随机性,尤其是我国地质条件复杂,页岩气类型多,资料少,以静态资料为主;认识程度低,参数非均质性强,页岩本身的地化特征和岩石学特征在选区中极为重要;含气量等关键参数变化规律尚不清楚。因此,应用蒙特卡罗法解决页岩气资源评价问题是现阶段较合理的方法。

蒙特卡罗法能有效描述页岩气资源评价中各地质参数的不确定性,符合页岩气聚集机理特殊性及我国当前所处的阶段。蒙特卡罗法应用在页岩气资源量计算中的优势主要表现在:① 能用少量的、反映地质参数变量随机分布的数据,随机抽样得到大量的、符合分布模型的数据,从而很好地反映各项地质参数的变化规律和内在联系;② 评价结果也用随机变量的形式表示,较之确定的数据更能体现页岩气资源评价地质参数边界条件不确定的特征,更切合页岩气资源评价特殊性,更具科学性和合理性;③ 在应用中易于推广,可以应用于各种类型、各种地质条件及勘探程度不同的地区。

一、参数统计条件与方法

地质过程及其产物通常可以看作是地质随机事件,各种地质观测结果具有随机变量的性质。为了描述页岩气评价参数的不确定性,保证评价结果的科学合理性,可以用概率统计法进行研究,按照参数的概率分布规律和相应的取值原则,对非均一分布的参数进行概率赋值。蒙特卡罗法就是利用不同分布的随机变量的抽样序列,模拟给定问题的概率统计模型,给出问题的渐近估计值。

在计算过程中,需要对参数所代表的地质意义进行分析,所有的参数均可表示为给定条件下事件发生的可能性或条件性概率,表现为不同概率条件下地质过程及计算参数发生的概率可能性。通过对取得的各项参数进行合理性分析,结合评价单元地质条件和背景特征,确定参数变化规律及分布范围,经统计分析后分别赋予不同的特征概率值,研究其所服从的分布类型、概率密度函数特征以及概率分布规律,求得均值、偏差及不同概率条件下的参数值,对不同概率条件下的计算参数进行合理赋值。

根据评价区参数数据量大小,可以采用不同的方法构造评价参数的分布函数。

(一)数据资料充足时

当原始数据数量较多(大于 30 个)时,可直接用频率统计法求随机变量的分布函数,这样得到的分布函数由于来自实际资料,可靠性较高,又叫经验分布函数。

频率统计法的具体做法是:

(1) 在原始数据中找出最大值 x_{max} 和最小值 x_{min}。

(2) 划分 m 个统计区间。统计区间的划分应考虑各评价参数的性质和变化特点,且平均落入每个区间的原始数据不少于 5 个。

(3) 统计落入每个区间的数据频数,频数除以原始数据个数 n 便得到区间的频率,即概率。

(4) 由 x_{max} 一端开始,将区间频率依次累加,即得到 m 个区间的分布函数 F(x)。

资源评价中参数的经验分布函数描述的是参数取值大于某值的概率,记为 $F_n(x)$。

记 n_i 为某观测值落入区间 (x_i, x_{i+1}) 内的频数,f_i 为累加频率,则

$$f_i = \frac{1}{n} \sum_{i=1}^{m} n_i \quad i = 1, 2, \cdots, m \tag{6-4}$$

经验分布函数为:

$$F_n(x) = \begin{cases} 1 & x_1 \leqslant x < x_2 \\ f_2 & x_2 \leqslant x < x_3 \\ \vdots & \vdots \\ f_m & x_{m-1} \leqslant x < x_m \\ 0 & x_m \leqslant x \end{cases} \tag{6-5}$$

(二)数据资料较少时

当原始数据数量较少但知道随机变量服从的分布模型时,可用分布模型公式计算出随机变量的分布函数。例如,根据统计,多数资源量计算参数服从正态分布或对数正态分布,则可求出原始数据的均值和标准差,之后将其代入正态分布数学公式中可求出其分布函数F(x)。

(三)数据资料不足时

当原始数据数量很少又不确定其分布模型时,可用最简单的均匀分布或三角分布来代替随机变量的分布函数。

二、页岩气地质参数概率分布模型

页岩气地质参数主要服从正态分布、对数正态分布、三角分布或均匀分布(图 6-3)。对于多数地质参数,通常采用正态或正态化分布函数对所获得的参数样本进行数学统计。

(一)正态分布

正态分布的密度函数为:

$$f(x) = \frac{1}{\sigma\sqrt{2\pi}}\exp\left[-\frac{1}{2}\left(\frac{x-\mu}{\sigma}\right)^2\right] \tag{6-6}$$

式中,μ 为随机变量 x 的平均值;σ 为随机变量 x 的方差。

正态分布的累积分布函数为:

$$F(x) = \int_{-\infty}^{x}\frac{1}{\sigma\sqrt{2\pi}}\exp\left[-\frac{1}{2}\left(\frac{t-\mu}{\sigma}\right)^2\right]dt \tag{6-7}$$

由中心极限定理可知,如果某一随机变量为大量相互独立且相对微小的随机变量,则可视为正态分布。正态分布反映的是渐变、平稳过程。

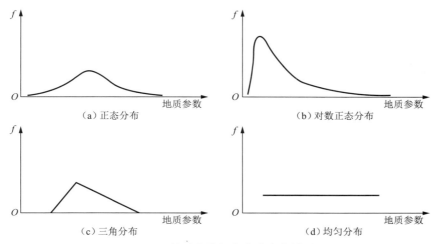

图 6-3 地质参数概率密度分布模型

(二) 对数正态分布

对数正态分布的密度函数为:

$$f(x) = \begin{cases} \dfrac{1}{\sigma\sqrt{2\pi}}e^{-\frac{(\ln x-\mu)^2}{\sigma^2}} & z > 0 \\ 0 & z \leqslant 0 \end{cases} \tag{6-8}$$

对数正态分布是连续型随机变量在某些地质问题中最常见的一种分布规律。对于对数正态分布的成因,一般认为,对于某个由许多影响因素综合作用下产生的地质变量 x,当这些因素对 x 的影响并非都是均匀微小的,而是个别因素对 x 的影响显著突出时,变量 x 将由于不满足中心极限定量而趋于偏斜。数值的原始状态可能是正态分布,但在地质过程中经过多次演化,而且变化都按其前一数值某函数的比例进行,则最终表现为对数分布。

对数正态分布是介于平稳渐变过程和突变(灾变)过程的中间状态,是一种过渡分布类型,可将其看作众多相互独立的因素中有某个或某些因素起比较突出的作用,但还未起到左右全局程度的结果。

（三）三角分布

当原始数据只有最小值 a、最大值 c 和介于二者之间的值 b，且不知道随机变量的分布模型时，一般采用三角分布函数。三角分布是一种三角形的连续分布，其概率密度为：

$$f(x) = \begin{cases} \dfrac{2(z-a)}{(c-a)(b-a)} & a \leqslant z \leqslant b \\ \dfrac{2(c-z)}{(c-a)(c-b)} & b < z \leqslant c \\ 0 & \text{其他} \end{cases} \tag{6-9}$$

（四）均匀分布

当随机变量的数据只有最小值 a 和最大值 b 时，一般采用最简单的均匀分布来代替随机变量的分布函数。均匀分布是描述随机变量的每一个数值在某一区间如[a,b]内可能发生的连续型概率分布，其概率密度为：

$$f(x) = \begin{cases} \dfrac{1}{b-a} & a < z < b \\ 0 & z \leqslant a \text{ 或 } z \geqslant b \end{cases} \tag{6-10}$$

一般来说，服从正态分布的地质参数主要包括有机质中元素含量、孔隙度、有效厚度等；服从对数正态分布的地质参数主要包括有机碳含量、氯仿沥青"A"含量、沉积岩层厚度、渗透率、规模等；服从三角分布的地质参数主要包括干酪根类型等；服从近似均匀分布的地质参数主要包括页岩密度等。

三、海、陆相页岩参数频率统计特征

我国针对页岩气开展的调查评价正全面展开，泥页岩的分析测试工作正在推进，但积累的数据资料还相当有限。为了掌握页岩气资源评价相关参数的分布模型，系统搜集整理了我国典型地区海相、陆相暗色泥页岩层系相关参数，对有效数据大于 30 个的参数观测值进行了频率统计分析（表 6-2）。其中，关键参数页岩总含气量的实测数据获取较困难，精度不高。本次筛选了获取方法相对可靠、精度较好的现场解吸获得的总含气量作为

表 6-2　典型地区参数统计有效数据个数

典型地区	层 系	类 型	有效数据数/个						
			有机碳含量	黏土矿物含量	有效厚度	孔隙度	渗透率	页岩密度	含气量
四川盆地及其周缘	下古生界	海 相	244	188	<30	80	57	62	25(川南)
鄂尔多斯盆地	中生界	陆 相	337	53	32	41	<30	30	<20

典型地区	层　系	类　型	有效数据数/个						
			有机碳含量	黏土矿物含量	有效厚度	孔隙度	渗透率	页岩密度	含气量
渤海湾盆地东濮凹陷	新生界	陆　相	993	163	＜30	＜30	＜30	32	＜20
松辽盆地	中生界	陆　相	＜30	＜30	66	36	＜30	＜30	＜20
南襄盆地泌阳凹陷	新生界	陆　相	140	＜30	＜30	＜30	＜30	＜30	20
鄂尔多斯盆地	上古生界	海陆过渡相	＜30	＜30	165	＜30	＜30	＜30	＜20

有效数据,数据量在 20 个以上,频率统计特征较为粗糙,仅作为下一步深入开展工作参考的基础。海陆过渡相泥页岩层系大部分参数有效数据较少,在此不作系统对比。

（一）有机碳含量

典型地区暗色泥页岩有机碳含量测试数据相对较丰富,频率统计特征清楚可靠。四川盆地及其周缘下古生界海相页岩 TOC 主体分布范围为 $0.5\%\sim3.5\%$,频率峰值范围为 $1.5\%\sim2.5\%$,TOC 在 $3.5\%\sim12.0\%$ 的范围内也有出现,但概率较低(图 6-4)。鄂尔多斯盆地中生界陆相页岩 TOC 频率统计特征较平缓,主体分布在 $0\sim5\%$ 范围内,且频率相差不大,没有明显峰值,反映 TOC 变化范围相对较大(图6-5)。渤海湾盆地东濮凹陷

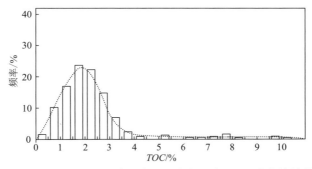

图 6-4　四川盆地及其周缘下古生界海相页岩 TOC 分布统计特征

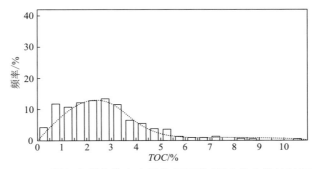

图 6-5　鄂尔多斯盆地中生界陆相页岩 TOC 分布统计特征

断陷湖盆新生界古近系陆相页岩 TOC 的分布与前两者有较大差别，TOC 分布为前峰型，绝大部分 TOC 集中在 0～2％范围内，2％～6％的值呈拖尾形小概率分布，接近对数正态概率密度分布模型(图 6-6)。南襄盆地泌阳凹陷新生界古近系陆相页岩 TOC 峰值和分布频率与四川盆地及其周缘下古生界海相页岩相似，但几乎没有统计到 TOC＞4.5％的数值(图 6-7)。

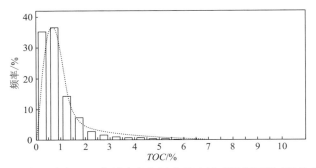

图 6-6　渤海湾盆地东濮凹陷断陷湖盆新生界古近系陆相页岩 TOC 分布特征

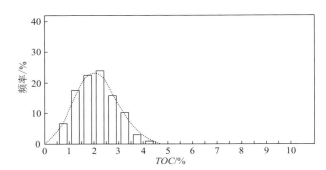

图 6-7　南襄盆地泌阳凹陷新生界古近系陆相页岩 TOC 分布特征

　　总体来看，TOC 频率统计特征近似服从概率密度正态分布或对数正态分布模型，这与泥页岩的沉积环境和地质过程有关。其中，海盆、坳陷型湖盆等沉积环境泥页岩和有机物的沉积为渐变、平稳的地质过程，TOC 主体接近正态分布；东部典型陆相断陷湖盆泥页岩和有机质沉积速度快，表现为快速变化的动荡地质过程，TOC 接近对数正态分布。

（二）黏土矿物含量

　　四川盆地及其周缘下古生界海相页岩、鄂尔多斯盆地中生界陆相页岩及渤海湾盆地东濮凹陷新生界古近系陆相页岩的黏土矿物含量频率统计特征差别不大，分布范围大，从20％～70％都有分布，主体在 25％～60％区间，无明显主峰，幅度变化平缓。相对来说，海相页岩稍显偏前峰型，35％～45％概率稍高(图 6-8)；陆相页岩稍显偏后峰型，50％～55％概率稍高(图 6-9 和图 6-10)。

　　与常规储层不同的是，原生(沉积时就含有的)黏土矿物是泥页岩的物质组成之一，含量相对较高。成岩过程中矿物转化也能形成次生黏土矿物，但对泥页岩来说，这部分对黏土矿物含量和成分的影响不大,因此该统计数据能够反映泥页岩原始沉积状态的黏土矿物含量。

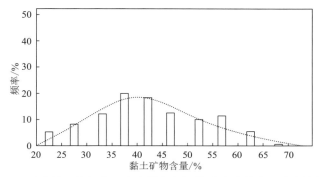

图 6-8 四川盆地及其周缘下古生界海相页岩黏土矿物含量分布统计特征

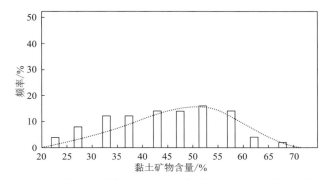

图 6-9 鄂尔多斯盆地中生界陆相页岩黏土矿物含量分布统计特征

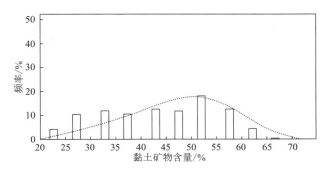

图 6-10 渤海湾盆地东濮凹陷新生界古近系陆相页岩黏土矿物含量分布特征

相对来说,沉积速度对泥页岩黏土矿物含量影响不明显,陆相比海相泥页岩黏土矿物含量稍高。

(三) 有效厚度

本书中的有效厚度是指在富有机质泥页岩层系中(富有机质泥岩厚度占层系总厚度的 60% 以上,夹层厚度小于 2 m),具有气测异常、岩芯解吸测试或其他含气证据的厚度。

鄂尔多斯盆地和松辽盆地均为坳陷型湖盆,中生界页岩气有效厚度频率统计特征却不同。鄂尔多斯盆地中生界页岩气有效厚度频率呈正态分布,频率峰值在 50～60 m 之间(图 6-11);松辽盆地中生界页岩气有效厚度频率近似呈对数正态分布,频率峰值在 10～30 m 之间(图 6-12);鄂尔多斯盆地上古生界海陆过渡相页岩气有效厚度变化范围较大,频率峰值在 10～30 m 之间(图 6-13)。

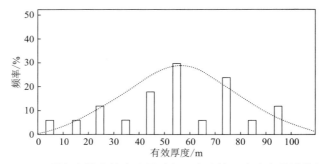

图 6-11　鄂尔多斯盆地中生界陆相页岩有效厚度分布统计特征

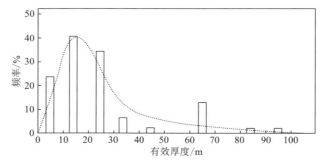

图 6-12　松辽盆地中生界陆相页岩有效厚度分布统计特征

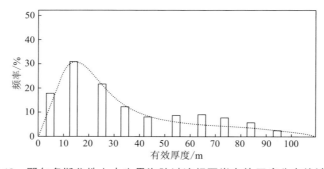

图 6-13　鄂尔多斯盆地上古生界海陆过渡相页岩有效厚度分布统计特征

　　有效厚度影响因素较复杂,沉积微相、地化特征、流体性质(油、气)等对有效厚度大小都有重要影响,其变化规律尚难以掌握。

(四) 孔隙度

　　泥页岩孔隙度通常在 5% 以下,远小于常规储层和其他类型储层。四川盆地及其周缘下古生界海相页岩和鄂尔多斯盆地中生界陆相页岩孔隙度频率分布特征相似,频率峰值在 0～2% 之间(图 6-14 和图 6-15);松辽盆地中生界陆相页岩孔隙度频率峰值在 2%～4% 之间(图 6-16)。

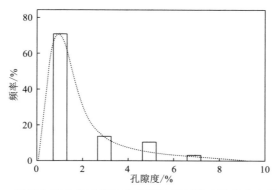

图 6-14　四川盆地及其周缘下古生界海相页岩孔隙度分布统计特征

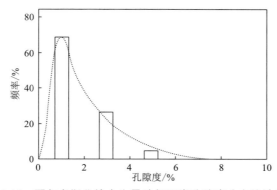

图 6-15　鄂尔多斯盆地中生界陆相页岩孔隙度分布统计特征

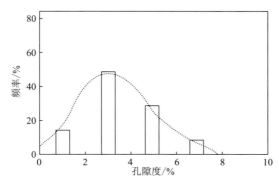

图 6-16　松辽盆地中生界陆相页岩孔隙度分布统计特征

(五)渗透率

泥页岩渗透率极低,主体在 0.001 mD 以下(图 6-17),接近对数正态分布。

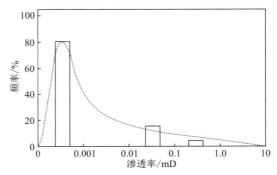

图 6-17　四川盆地及其周缘下古生界海相页岩渗透率分布统计特征

(六) 页岩密度

页岩密度主要与物质组成和成岩作用有关。从物质组成上来看,海相页岩石英等碎屑矿物含量一般要高于陆相页岩;从成岩演化上来看,随着经历地质时代的增长,从新生界到中生界再到古生界页岩成岩作用依次减弱。在这两方面的综合作用下,四川盆地及其周缘下古生界海相页岩密度、鄂尔多斯盆地中生界陆相页岩密度、渤海湾盆地新生界古近系陆相页岩密度概率峰值从 $2.6\sim2.8$ g/cm³, $2.4\sim2.6$ g/cm³ 到 $2.2\sim2.4$ g/cm³ 依次降低(图6-18～图 6-20)。

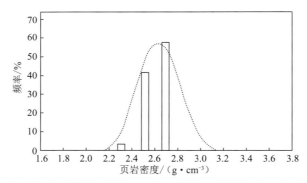

图 6-18　四川盆地及其周缘下古生界海相页岩密度分布统计特征

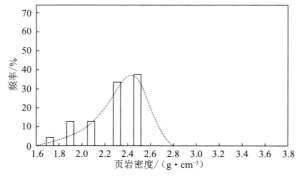

图 6-19　鄂尔多斯盆地中生界陆相页岩密度分布统计特征

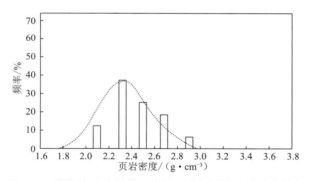

图 6-20　渤海湾盆地新生界古近系陆相页岩密度分布特征

（七）含气量

含气量是页岩气资源评价的关键参数，也是勘探开发的基础。含气量的获取方法很多，各种方法获取的含气量数据含义和可靠性程度不同。本书中提到的含气量有效数据主要是指应用现场解吸方法获得并进行了损失气和残余气恢复的总含气量数据。

针对页岩气的取芯钻井数量有限，含气量有效数据相对较少。获得四川盆地南部下古生界海相页岩和南襄盆地泌阳凹陷新生界古近系陆相页岩含气量有效数据各 20 个左右，统计分析初步表明，四川盆地南部下古生界海相页岩含气量分布范围较大（0～10 m³/t）（图 6-21），南襄盆地泌阳凹陷新生界古近系陆相页岩含气量主体在 3 m³/t 以下（图 6-22）。

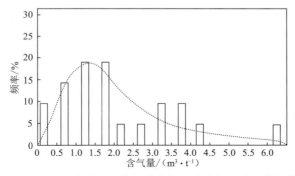

图 6-21　四川盆地南部下古生界海相页岩含气量分布统计特征

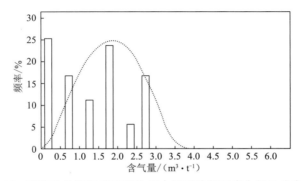

图 6-22　南襄盆地泌阳凹陷新生界古近系陆相页岩含气量分布特征

通过对四川盆地及其周缘下古生界海相沉积页岩、鄂尔多斯盆地中生界陆相坳陷型湖盆沉积页岩、松辽盆地中生界陆相坳陷型湖盆沉积页岩、渤海湾盆地东濮凹陷新生界陆相断陷型湖盆沉积页岩及南襄盆地泌阳凹陷新生界陆相页岩主要地质参数有效数据的频率统计,可以看出不同的沉积构造环境对页岩参数的分布具有重要影响,海相沉积页岩、坳陷型湖盆沉积的陆相页岩及断陷型湖盆沉积的陆相页岩在参数分布特征上有差别(表6-3)。

表6-3　不同沉积类型页岩主要参数频率统计特征表

| 参　　数 | 海相页岩 | | 陆相页岩 | | | |
| | | | 坳陷型湖盆 | | 断陷型湖盆 | |
	分布模型	频率峰值	分布模型	频率峰值	分布模型	频率峰值
有机碳含量/%	正　态	1.5～2.5	正　态	0.5～3.5,无明显峰值	对数正态	0～2
黏土矿物含量/%	正　态	35～45	正　态	40～60,无明显峰值	正　态	50～55
有效厚度/m	—	—	正态/对数正态	50～60/10～30	—	—
孔隙度/%	对数正态	0～2	正态/对数正态	2～4/0～2		
渗透率/mD	对数正态	<0.001				
页岩密度/(g·cm⁻³)	正　态	2.6～2.8	正　态	2.4～2.6	正　态	2.2～2.4

分析发现,参数无论是服从正态分布还是对数正态分布,都不受泥页岩相类型(海相、陆相)控制,而是与构造演化与水体变化过程密切相关。地质参数的概率密度正态分布反映了渐变、平稳的地质过程,表明了该参数受多种因素综合作用影响,各因素影响基本均匀。例如四川盆地及其周缘下古生界海相页岩黏土矿物含量概率密度分布特征,鄂尔多斯盆地中生界陆相页岩有效厚度概率密度分布特征。对数正态分布反映了渐变和突变地质过程的过渡状态,表明该参数受多种因素综合作用影响,其中个别因素影响显著,但不能左右全局,其他因素的影响均匀微小。例如渤海湾盆地东濮凹陷新生界古近系陆相页岩 TOC 概率密度分布特征,四川盆地及其周缘下古生界海相页岩渗透率概率密度分布特征。在某一参数分布模型相同的情况下,海相页岩和陆相页岩的差别主要在参数分布范围、中值、偏度及标准差等影响分布曲线形态的特征参数上。例如四川盆地及其周缘下古生界海相页岩 TOC 概率密度分布特征,鄂尔多斯盆地中生界陆相页岩 TOC 概率密度分布特征。

四、预测方法与步骤

蒙特卡罗法是以概率论与数理统计为指导的统计学方法,应用随机抽样技术和统计实验方法来解决数值解不确定的问题。20 世纪 60 年代,蒙特卡罗法开始应用于含油气区早中期勘探阶段常规油气资源的定量计算,重点解决地质风险评价问题。其基本思想是,为获得某地质问题的数值解,首先根据已有资料建立描述该地质问题的数学模型,然后通过对数学模型中参数变量的抽样计算获得概率分布函数形式的数值解。概率形式给出的数值解具有特定期望值,且描述了各种结果出现的可能性。

页岩气聚集呈连续分布、无明确参数界限、丰度低,地质参数变量具有更大的随机性,尤其是我国地质条件复杂,页岩气类型多、资料少、认识程度低,含气量的关键参数变化规律尚不清楚,应用蒙特卡罗法解决页岩气资源评价问题是现阶段最科学、最合理的方法。

体积法适用于勘探开发各阶段和各种地质条件,是我国各类油气资源评价的重要方法,也是页岩气资源评价的基本方法。应用蒙特卡罗法评价页岩气资源量时可采用体积法计算公式。依据体积法原理,页岩气地质资源量为页岩总质量与单位质量页岩所含天然气的乘积,可表示为常数系数与地质参数(随机变量)的连乘,即

$$Q = 0.01Ah\rho q$$

式中,Q 为页岩气地质资源量,10^8 m³;A 为含气页岩分布面积,km²;h 为有效页岩厚度,m;ρ 为页岩密度,t/m³;q 为总含气量,m³/t。

蒙特卡罗法预测页岩气资源量的主要步骤如下。

(一) 参数获取

页岩气研究和评价的主要对象是泥地比大于 60%、夹层厚度小于 2 m 的泥页岩层系。资源量计算参数主要包括有效厚度、面积、含气量、页岩密度等。各项参数可以采取多种方法获取,不同方法获得的参数应进行合理的厘定、校正及综合,使参数间可对比。数据量应尽量达到统计学要求,数据点分布应相对均匀,具有代表性。

1. 有效厚度

泥页岩层系厚度可通过露头调查、钻探、地震及测井等手段获得。其中,有效厚度指已有充分的证据证明泥页岩含油气,并可能具有工业价值页岩油气聚集的含油气页岩层段,包括页岩、泥岩及其夹层。含气证据包括钻井中已获得页岩气流、岩芯现场解吸获得页岩气,录井在该段发现气测异常(图 6-23),缺少钻井资料的地区泥页岩层段见油气苗、近地表样品解吸见气等;保存条件好的地区也可以将地球化学指标超过下限作为间接含气证据。因此,可依据钻井、测井、录井、岩芯测试、实验分析等各类资料及其在剖面上的变化来确定含气泥页岩层系厚度,即有效厚度。

2. 面　积

通过泥页岩层系连井剖面、地震解释等资料分析,掌握有效厚度在剖面和平面上的变化规律,结合泥页岩层系各项相关参数平面变化等值线图,可对含气面积进行分析。

常规油气资源评价时,通常把面积作为定值给出,这是因为常规油气分布受圈闭控制,具有较明确的含油气边界;而页岩气为层状分布,含气性呈低丰度、连续、不均匀分布,无明确边界,因此含气面积也有必要以概率形式给出。在缺少较多实际井资料建立含气面积统计分布规律的情况下,一般按照对数正态分布模型研究含气面积概率分布,可将最

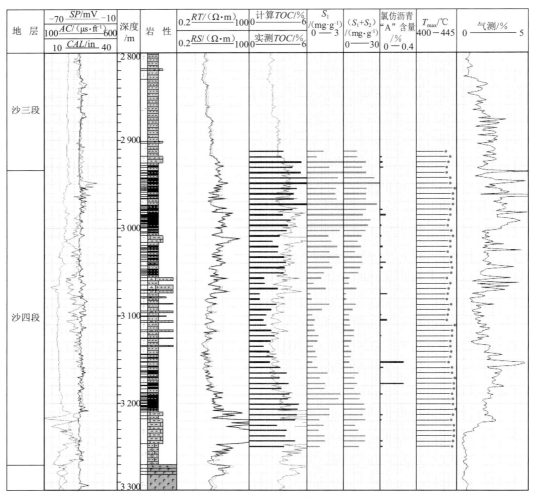

图 6-23　页岩含气有效厚度

1 in＝25.4 mm

小含气面积和推测最大含气面积分别作为累积概率 95％和 5％所对应的含气面积以进行下一步分析。

3. 含气量

页岩含气量可通过直接法(岩芯现场解吸法)和间接法(模拟实验法、统计法、类比法、计算法、测井资料解释法及生产数据反演法等)获得。各类方法获得的含气量数据代表的含义不同,应用时需注意。

4. 页岩密度

页岩密度可通过实测法、类比法、测井解释法等获得。

（二）参数分析与抽样计算

将获得的各项参数变量的分布函数作为统计模型，随机抽样 m（如 1 000）次以上，将各组抽样值按照数学模型进行计算，得到页岩气资源量的 m 个估计值。

（三）获得页岩气资源量概率解

对资源量的 m 个估计值进行频率统计分析，求出页岩气资源量的概率分布函数，从分布曲线上即可获得不同概率条件下的页岩气资源量数值解（图 6-24）。通常把 P_{50} 对应的资源量数值作为期望值。

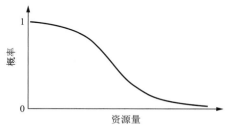

图 6-24　页岩气资源量概率分布曲线

综上所述，应用蒙特卡罗法预测页岩气资源量时，首先分析页岩气资源量计算所依赖的地质参数变量，构造表征资源量概率解的数学模型；将包括面积在内的各项地质参数作为变量处理，根据已有数据统计确定各个参数变量的概率密度分布模型。然后对模型中的各个地质参数变量进行 m 次随机抽样，获得随机地质参数的 m 组抽样值；把 m 组抽样值代入资源量计算数学模型，求出资源量的 m 个估计值。最后用频率统计法求出油气资源量的分布曲线，由此获得概率不小于 P 所对应的资源量数值解。蒙特卡罗法更科学地描述了页岩气边界条件不确定的机理特征，可用于各个阶段。

五、实　例

以上扬子渝东南地区为例。渝东南地区位于重庆市东南部，属于四川盆地外缘川东高陡构造带武陵褶皱带，区内发育一系列 NNE 向隔挡式和隔槽式褶皱，地貌上岭谷相间，从震旦纪到第四纪漫长的地质年代里，经历了多次构造运动。区内出露地层以古生界为主，其次为中生界三叠系及少量的侏罗系。渝东南地区属于油气勘探空白区，没有油气钻井，只有少量固体矿产井。

渝东南地区主要发育古生界下寒武统牛蹄塘组和下志留统五峰—龙马溪组两套海相黑色页岩，有机质类型主要为Ⅰ型。

牛蹄塘组黑色页岩全区均有分布，为大陆架到大陆斜坡过渡区的海相沉积，厚度为 $20\sim140$ m，东南厚西北薄，埋深由南向北逐渐加大。牛蹄塘组黑色页岩有机碳含量为

0.16%～9.62%,平均为3.43%;有机质成熟度为1.60%～3.55%,平均为2.71%。

龙马溪组黑色页岩也在全区广泛分布,为前陆盆地控制下的闭塞海湾沉积,厚度变化较大,为40～200 m;有机碳含量为0.12%～6.16%,平均为1.62%;有机质成熟度为1.56%～3.68%,平均为2.51%;黑色页岩矿物成分主要为碎屑矿物和黏土矿物,还有少量的碳酸盐岩和黄铁矿;碎屑矿物成分主要为石英和长石,黏土矿物含量为27%～62%,平均为42.6%,主要为伊利石和伊蒙混层,其次为绿泥石;页岩孔隙度为0.77%～5.40%,平均为3.3%;渗透率为0.002 4～0.079 mD,平均为0.015 mD。

对渝科1井、酉科1井黑色页岩岩芯含气量现场解吸分析,古生界黑色页岩含气量为0.6～3.0 m³/t。

采集渝东南地区黑色页岩露头样品和渝科1、酉科1井岩芯样品共583块,样品在全区分布均匀,具有代表性。对样品开展系统的实验分析测试和单井解剖,获取资源评价相关参数。

在没有更多实际资料建立面积的统计分布规律情况下,面积的确定采用TOC关联法,依据国内外对页岩气有利区的划分标准,将TOC为2.0%圈定的面积作为面积中值,将TOC为1.0%和3.0%圈定的面积分别作为累积概率的5%(P_5)和95%(P_{95})对应的面积。厚度的确定主要依据钻井、野外剖面实测以及实验测试资料确定,海相页岩沉积厚度相对稳定,采用正态分布概率模型。页岩密度依据样品实测数据统计分析确定为正态分布,含气量依据钻井岩芯样品现场解吸获得,统计分析后为对数正态分布概率分布(图6-25和图6-26)。

在参数分析的基础上(表6-4),采用蒙特卡罗法计算渝东南地区下寒武统牛蹄塘组页岩气资源量期望值为$7\,892\times10^8$ m³,下志留统龙马溪组页岩气资源量期望值为$5\,908\times10^8$ m³(图6-27和图6-28),合计1.38×10^{12} m³。此处计算的是地质资源量,未考虑地貌、埋深、道路、水源等工程地质条件。

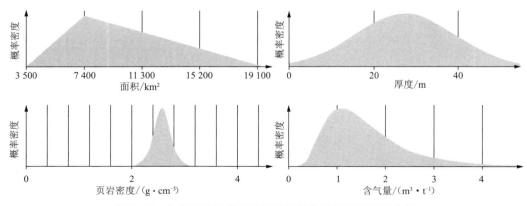

图 6-25 牛蹄塘组页岩气资源量计算参数概率密度分布图

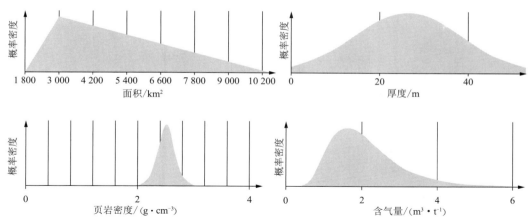

图 6-26   龙马溪组页岩气资源量计算参数概率密度分布图

表 6-4   渝东南地区页岩气资源量计算表

参 数	牛蹄塘组页岩			龙马溪组页岩		
	P_5	P_{50}	P_{95}	P_5	P_{50}	P_{95}
面积/km^2	12 910	8 389	4 998	8 694	4 788	2 523
厚度/m	47	27	8	47	26	7
总含气量/(m^3·t^{-1})	3.3	1.4	0.6	4.0	1.9	0.9
密度/(g·cm^{-3})	2.8	2.6	2.3	2.7	2.5	2.3
地质资源量/(10^8 m^3)	23 096	7 892	1 977	17 520	5 908	1 346
合计/(10^8 m^3)	期望值:13 800					

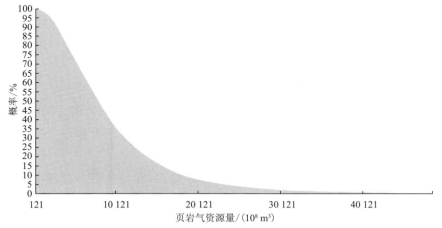

图 6-27   牛蹄塘组页岩气资源量累积概率分布图

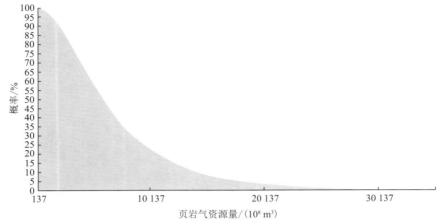

图 6-28　龙马溪组页岩气资源量累积概率分布图

第四节　离散单元划分法

一、页岩含气量的非均质性

泥页岩为水体稳定环境下的沉积,多数情况下,垂向上和平面上页层厚度、密度等宏观特性不会发生突变,但页岩地化、物性等微观特征的变化复杂得多,且在地层条件下页岩气无法在页岩储层内部发生显著流动,使得页岩含气量具有明显的非均质性,从而影响页岩气资源丰度。通常从井点出发才能控制页岩含气量的变化特征。基于该原理提出了井控分块、单元划分、参数类比、离散累加的方法计算资源量。

二、井控单元

常规油气聚集在圈闭中,在一定的面积内具有统一的压力系统和油气水界面,边界明确,流体在含油气储层中可以连通并流动,圈闭及其中的流体可看作一个整体,因此单一圈闭中的油气藏是常规油气资源评价的最小单元。

页岩气聚集机理不同,页岩本身既是源岩又是储层,孔渗物性非常低,地层条件下油气不会在页岩储层内部发生显著流动,只有在人工造缝降压(钻井压裂)后,天然气才会进入裂缝网络中,因此单井能够控制的页岩气资源量是页岩气资源评价的最小单元(图6-29)。

井控单元面积主要由页岩储层特征、流体(页岩油、页岩气)特征、垂直井或水平井类型、单井或复合水平井组合、压裂和其他技术决定(图6-29)。

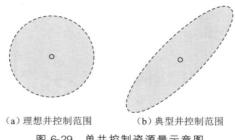

　　（a）理想井控制范围　　　　　（b）典型井控制范围

图 6-29　单井控制资源量示意图

　　在资源量评价阶段,这里的"井"并不一定是指开发井,也可以是调查井或探井,是指具有实测含气量数据且具有钻井、岩芯、实验测试资料等数据资料的井点,可获得资源量计算可靠参数的井点位置,实际上可看作资料井。

三、离散单元划分

　　在评价地质单元内,依据井控单元外围页岩特征变化趋势和规律,将井控单元内页岩含气性特征适当外推或类比,将评价地质单元划分为 m 个井控单元和 n 个类比单元(图6-30)。划分原则是各单元内部含气性相对稳定,单元之间存在由于微相、断裂及微观特征变化造成的含气性差异。以井控单元为刻度区,采用含气量类比或资源丰度类比法,根据井控单元与类比单元页岩气富集条件的相似性来确定类比单元的计算参数。

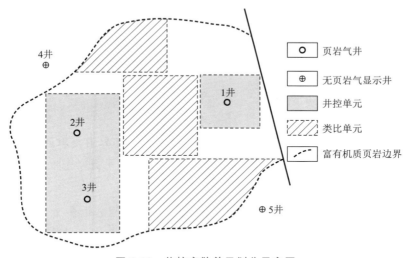

图 6-30　井控离散单元划分示意图

　　类比适用条件包括:评价地质单元已进行过系统的页岩气地质条件研究,井控单元页岩含气量和页岩基础参数清楚,类比单元具有页岩基础地质参数和资料。低—中勘探程度区缺少生产动态数据,类比因素以页岩地质参数为主,主要包括有机质类型、有机碳含量、有机质热演化成熟度、厚度、埋深、裂缝等。综合分析后确定相似系数,并进一步刻画类比区含气量或资源丰度。

四、预测方法与步骤

离散单元划分法预测页岩气资源量借鉴了有限元原理,将评价地质单元中连续分布的页岩气资源进行有限数目的单元离散,来获得近似资源量计算值,是分析复杂问题的一种有效思路和强有力工具,尤其适用于解决类似页岩气等近连续分布、非均质性强的油气聚集。

页岩气依附于页岩层系存在,一般不具有流动性,采用井控分块的原则计算资源量不影响对页岩气评价单元的整体认识,计算结果可随着井控程度的变化及时调整修正。

常规油气资源评价中,类比法的类比单元是独立和完整的石油地质单元,可以是盆地、凹陷、洼陷、油气系统、运聚单元等。离散单元划分法以含气量资料井为中心,在地质单元内建立多个井控单元刻度区,类比单元面积一般为井控单元的若干倍。类比单元与井控单元地质背景相似、对比参数少且集中,可与邻近多个刻度单元参照对比,大大提高了类比法使用的可靠性。

离散单元划分法评价过程的主要步骤如下:

(1)确定地质评价单元界限及面积。根据页岩储层的分布及构造等特征划分。

(2)划分井控单元。主要依据页岩储层特征、流体(页岩油、页岩气)特征、压裂及其他技术、垂直井及水平井技术、单井及复合水平井技术等划分 m 个井控单元,并确定各单元的面积。

(3)划分类比单元。在缺乏资料井点的区域,依据页岩储层参数变化特征确定类比单元个数(n)、面积和边界。

(4)计算井控单元资源丰度。依据实测含气量等基础数据,采用体积法原理,计算各井控单元资源量和资源丰度。

$$E_i = 0.01 h_i \rho_i q_i \tag{6-11}$$

$$Q_i = A_i E_i \tag{6-12}$$

式中,E_i 为 i 单元页岩气资源丰度,10^8 m^3/km^2;Q_i 为 i 单元页岩气资源量,10^8 m^3;A_i 为 i 单元页岩面积,km^2;h_i 为 i 单元页岩有效厚度,m;ρ_i 为 i 单元页岩密度,t/m^3;q_i 为 i 单元页岩含气量,m^3/t。

(5)计算类比单元资源量。应用类比法将各类比单元与邻近多个刻度单元进行参照对比,依据主要参数相似度确定类比单元含气量或资源丰度,进而计算各类比单元页岩气资源量。

$$Q = \sum Q_{(m+n)} \tag{6-13}$$

式中,Q 为评价区页岩气总资源量,10^8 m^3。

(6)计算评价地质单元页岩气资源量。将井控单元与类比单元页岩气资源量累加即可得到评价区页岩气资源量。

该方法可应用于页岩气勘探开发各阶段,在具有大量地质、实际生产井以及岩石属性特征等数据的基础上,井控单元特征属性更加明确,还可以用于页岩气储量计算。

五、实　例

以鄂尔多斯盆地下寺湾区为例。鄂尔多斯盆地中生代晚三叠世的大型内陆微咸水湖盆沉积了上三叠统延长组,其中长 7 段沉积时期盆地基底整体下沉,水体加深,生物繁盛,形成了富有机质的深灰色泥岩以及黑色泥岩、页岩和油页岩,分布稳定,厚度大。

下寺湾区位于鄂尔多斯盆地伊陕斜坡东南部的延长探区(图 6-31),为一西倾平缓单斜,地层倾角小于 1°,面积约为 2 250 km²;区内构造简单,发育鼻状构造。目前已在区内柳评 177 等多口井的长 7 段页岩中获得工业页岩气流(图 6-32),证实了陆相页岩气的资源潜力。

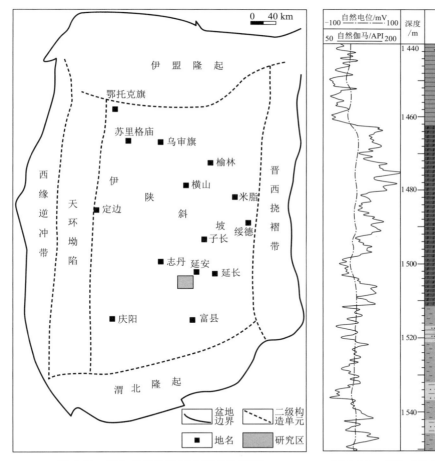

图 6-31　鄂尔多斯盆地下寺湾区位置图

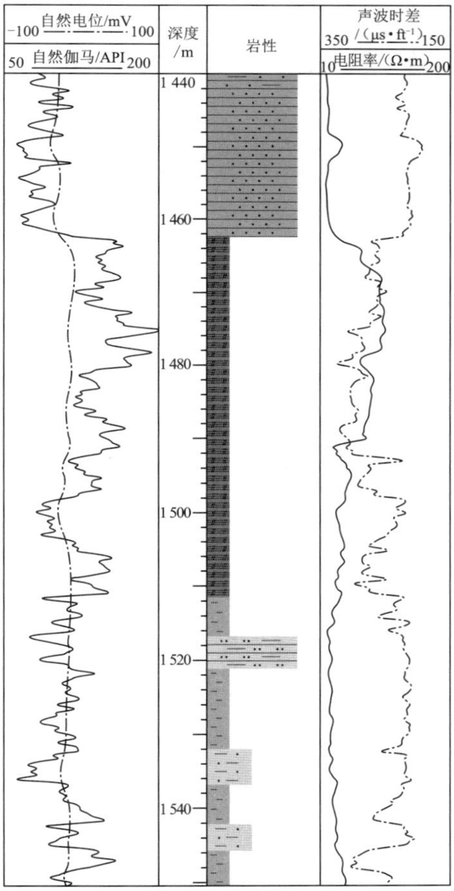

图 6-32　柳评 177 井页岩气层段柱状图
1 ft＝0.304 8 m

下寺湾区长 7 段泥页岩有机质类型以腐殖型和腐泥型为主,长 7 段泥页岩厚度为 50～80 m,平均厚度为 60 m;有机碳含量为 2.0%～5.0%;有机质热演化成熟度 R_o 为0.8%～1.2%,平均为 1.0%;储层孔隙度以 1.0%～2.5% 为主,渗透率以小于 0.01 mD 为主。

鄂尔多斯盆地延长探区下寺湾区上三叠统延长组长 7 段是我国陆相页岩气最先获得突破的层段,其中,柳评 177 井日产量 2 000 m³/d,柳评 171 井日产量 2 087 m³/d,柳评 179 井日产量 1 779 m³/d,新 57 井日产量 2 413 m³/d,新 59 井日产量 2 035 m³/d,延页 1 井日产量 2 000 m³/d 以上。

从下寺湾区延长组长 7 段地质条件来看,评价区全区均具有形成页岩气的地质条件,构造和沉积特征相对简单,无突变,在全区可对比;泥页岩埋深、厚度及有机碳含量等主要参数等值线呈近南北向延伸,在近东西方向上渐变(图 6-33～图 6-35)。

结合评价区勘探现状、井位分布、资料条件及地质条件,将评价区划分为 4 个井控单元和 6 个类比单元(图 6-36)。类比单元含气量等评价参数依据邻近井控单元含气量参数类比确定(表 6-5)。采用离散单元划分法计算下寺湾区延长组长 7 段页岩气资源量为 1.06×10^{12} m³。

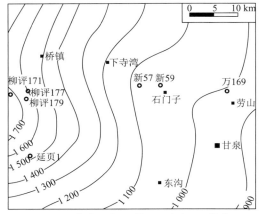

图 6-33 下寺湾区长 7 段顶面埋深图(单位:m)

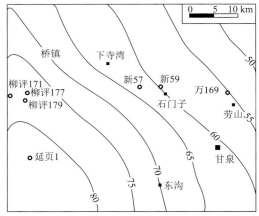

图 6-34 下寺湾区长 7 段泥页岩厚度等值线图(单位:m)

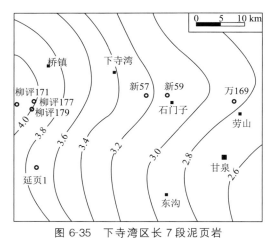

图 6-35 下寺湾区长 7 段泥页岩
TOC 等值线图(单位:%)

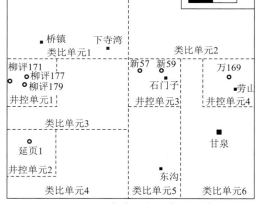

图 6-36 下寺湾区长 7 段泥页岩
井控单元与类比单元划分

表 6-5 下寺湾区长 7 段页岩气各单元资源量计算参数和结果表

井控及类比单元	面积/km²	厚度/m	含气量/(m³·t⁻¹)	页岩密度/(g·cm⁻³)	资源量/(10⁸ m³)
井控单元 1	100	78	3.6	2.4	674
井控单元 2	100	82	3.3	2.4	649
井控单元 3	100	62	2.8	2.4	417
井控单元 4	100	55	2.5	2.4	330
类比单元 1	375	68	3.1	2.4	1 897
类比单元 2	375	55	2.6	2.4	1 287
类比单元 3	275	73	3.1	2.4	1 494
类比单元 4	275	82	3.2	2.4	1 732
类比单元 5	200	70	2.7	2.4	907
类比单元 6	350	62	2.4	2.4	1 250
合　计					10 637

第五节　页岩气资源评价方法体系

结合前人的研究成果,初步提出了页岩气资源评价方法体系(表 6-6)。该体系有页岩气资源量计算方法和有利区优选方法两类。其中,资源量计算方法包括类比法、统计法、成因法及经验综合法四大类 13 种;有利区优选方法包括信息递进叠合法和模糊综合评判法 2 种。各种方法评价结果可靠性的影响因素各不相同。

类比法主要包括离散单元划分法、丰度类比法和聚类分析法。其中,离散单元划分法适用于勘探中后期,该方法将类比单元划分到最小,在评价区内部,依据关键参数分布情况划分刻度单元和类比单元,大大提高了类比法的应用范围。丰度类比法和聚类分析法主要应用在勘探早中期,通过评价区与刻度区页岩气发育地质条件的比较,估算确定评价区页岩气资源计算的有关参数,从而求得资源量。这一方法受评价人对页岩气和评价区地质资料了解程度的限制,通常与专家系统法(或特尔菲法)结合使用。我国的页岩气工作尚处于探索阶段,还没有成熟的页岩气资源评价刻度区。美国页岩气勘探开发相对成熟,但在大地构造背景、构造演化、页岩时代、沉积环境、地表条件等方面与我国均有较大差异,不宜直接进行类比。因此,盆地、区带级别的类比法应用受限。

统计法基于对大量静态地质参数或动态生产数据进行统计分析,摸索统计规律,从而预测资源量。统计法的使用与勘探程度及资料积累有关,主要包括对静态资料统计分析的蒙特卡罗法、体积法,对静态和少量动态资料进行统计分析的历史趋势外推法、FORSPAN 法,以及对开发动态资料进行统计分析的发现过程模型法、生产动态资料分析法。受阶段所限,目前我国的动态资料积累较少,主要应用静态资料进行页岩油气资源评价。统计法的应用主要体现在对参数赋值的统计,可靠性主要基于对相关数据资料的

表 6-6　页岩气资源评价方法体系

	类　别	主要方法	影响可靠性的主要因素	适用阶段		
				远景区评价（早期）	有利区评价（中期）	目标区评价（后期）
资源量计算方法	类比法	离散单元划分法	控制井密度		√	√
		丰度类比法	丰度与体积、沉积速率等函数的关系	√	√	
		聚类分析法	综合类比指标	√	√	
	统计法	蒙特卡罗法	参数的概率取值	√	√	
		体积法	有效体积及含气量等参数的可靠性	√	√	√
		历史趋势外推法	工作量投入与勘探效果统计			√
		发现过程模型法	数学模型			√
		生产动态资料分析法	产量、流体、压力等动态资料积累			√
		FORSPAN 法	地质、地球化学特征和勘探开发历史数据		√	√
	成因法	地球化学法	残留系数的确定	√		
		盆地模拟法	地质和数学模型	√		
	经验综合法	特尔菲法	专家的经验积累	√		
		专家系统法	知识库、标准规范	√		
有利区优选方法	信息递进叠合法		信息定量化和权重分配	√	√	√
	模糊综合评判法		评判标准	√	√	

累积及资料数据的可靠性和代表性。其中,静态资料统计法主要用于页岩气勘探开发早中期的储量评价,动态资料统计法主要用于页岩气勘探开发中后期的储量评价。由于页岩气富集与圈闭之间无必然联系,不存在明确的富集边界,因此常规油气资源评价中常用的油气藏规模序列法等不适用于页岩气。

成因法主要包括地球化学法和盆地模拟法。地球化学法应用于盆地评价早期。地球化学法计算页岩气资源量的平衡原理是生烃量≈残留量＋排烃量。其中,得到生烃量的方法相对成熟,而得到残留系数、排烃系数,甚至保存系数是非常困难的。这些参数与有机质类型、有机质热演化程度、生储盖组合条件及保存条件等许多地质因素有关,且目前对页岩气聚集和富集机理还有大量问题有待研究,因而这些关键系数及其变化规律尚难以准确掌握。盆地模拟法是利用计算机技术恢复盆地及其中的烃类流体在地史时期中的演化,利用动态思想分析页岩气的形成和保存,结合综合评价方法预测盆地资源量,其中地质和数学模型是该方法的关键。

　　经验综合法包括特尔菲法和专家系统法。特尔菲法系统综合了专家小组的经验知识，并统计评价区各项相关资料，由专家组成员按照各自的认识独立预测各种概率下的资源量，最后综合平衡所有专家认识，给出评价区相对可靠的资源量。该方法简单有效，适用于页岩气勘探开发的早中期评价。专家系统法是特尔菲法的发展和延伸，建立集成的知识库、数据库和图形库是该方法的基础，同时还要求有严谨的逻辑和一系列合理的标准规范。综合法评价结果的可靠性主要依赖于资料的可靠性和专家知识经验库。从我国页岩油气勘探开发现状来看，关键参数资料积累少，北美的成熟经验也不适用于我国独特的页岩气地质条件，因此在特尔菲法应用中贯穿了较多的假设和不确定性。

　　有利区优选方法主要包括信息递进叠合法和模糊综合评判法，这两种方法实现了对页岩气有利区、有利井位的定量—半定量评价与优选。信息递进叠合法可以应用于远景区、有利区及核心区的优选，随着勘探程度的增加，依据不断积累的各类资料，可以不断提取相关参数对研究区进行滚动评价，逐步叠加参数信息，以提高优选结果的可靠性。模糊综合评判法可应用于有利区优选和井位优选，主要在勘探阶段的早中期应用，其中评判标准是影响优选结果的主要因素。

　　页岩气资源评价方法的选择应根据评价区勘探阶段、资料条件和地质特点进行。本书以上扬子渝东南地区下古生界寒武系牛蹄塘组海相页岩、鄂尔多斯盆地下寺湾区中生界三叠系延长组陆相页岩为例，分别应用蒙特卡罗法、离散单元划分法预测页岩气资源量，以黔西北地区为例应用模糊综合评判法优选页岩气调查井位，是对我国页岩气勘探早中期资源评价工作的有益探索。当前，越来越多的评价方法正被应用于不同地区，页岩气资源评价方法体系处于不断完善过程中。

第七章
胶莱盆地页岩气资源评价

第一节　胶莱盆地地质概况

　　页岩气已在美国、加拿大等北美国家被发现并规模开采,但均为海相地层页岩气。我国含油气盆地以陆相地层为主,与国外明显不同,如何进行陆相地层页岩气的勘探和评价,尚无成熟的技术。本章以胶莱盆地为例,对陆相盆地页岩气资源的评价方法进行探究。

　　胶莱盆地主体位于青岛地区,陆上面积达 12 000 km²,是我国东部侏罗—白垩纪陆相沉积盆地。胶莱盆地莱阳凹陷、平度—夏格庄凹陷暗色泥页岩累积厚度达 200 m,牟平—即墨断裂带暗色泥页岩最大厚度达 150 m,海阳凹陷暗色泥页岩最大厚度为150～200 m,具备良好的页岩气形成条件。前期研究发现,莱阳凹陷发现大量油气显示和油砂分布,说明该凹陷有油气生成和聚集,具有一定的勘探潜力。从目前钻井情况分析,下白垩统莱阳群为主要勘探目的层系。通过露头、岩芯、钻井、地震以及地球化学指标等分析,在胶莱盆地白垩系沉积相分析基础上,对白垩系页岩气形成的地质条件进行系统研究,预测页岩气有利分布区,为页岩气勘探工作打下坚实的基础。

一、构造背景

　　胶莱盆地位于鲁东隆起区中部,胶南隆起和胶北隆起之间,北部与胶北隆起呈超覆接触(在平度地区以断层接触);南部以五莲—荣成断裂为界与胶南隆起相邻;西部以郯庐断裂为界;东北部延伸入黄海,与千里岩隆起和千里岩断裂相接。盆地总体呈 NE 走向,向西南收敛,向东北撒开。盆地内断裂构造发育,主要发育 NE,NNE,EW 向和晚期 NW 向断裂构造。根据盆地现今基底起伏、断层分割控制作用、白垩系厚度和断块构造特征等要素,将胶莱盆地划分为 7 个次级构造单元,即莱阳凹陷、诸城凹陷、高密凹陷、柴沟地垒、大野头凸起、牟平—即墨断裂带和海阳凹陷(图 7-1)。

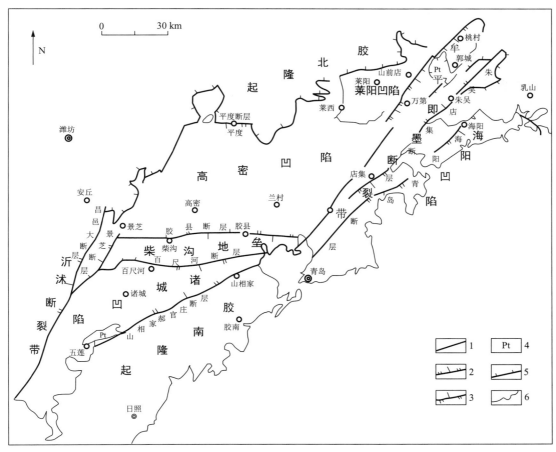

图 7-1　胶莱盆地构造分区图(据吴智平等,2004)

1—断层;2—正断层;3—逆断层;4—元古界;5—白垩系尖灭层;6—海岸线

(一) 胶莱盆地构造演化史

根据胶莱盆地构造应力场和岩相特征,可将胶莱盆地构造演化史分为 5 期。

1. 基底褶皱期

印支运动后期的沂沭断裂活动是古亚洲构造域完全转化为滨太平洋构造域的标志。随着太平洋板块相对欧亚板块由 SSE 向 NNW 移动,鲁东地区也沿沂沭断裂带向 NE 向移动,且遭受挤压,形成地层叠复和褶皱,造就了偏 NEE 向或近 EW 向的构造格局。胶莱盆地基底形成不对称的"W"形,即两处向斜(莱阳凹陷、高密凹陷)夹一处背斜(大野头凸起)。高密凹陷和莱阳凹陷为相互独立的构造单元,最早沉积形成的瓦屋夼组位于两个凹陷的挠曲中心处,沉积规模较小。

2. 盆地扩张沉降期(莱阳期)

这一时期,太平洋板块对欧亚板块俯冲运动加剧,早期形成的五莲—荣成断裂开始发生 NNW 向逆冲,高密凹陷挠曲加重,形成了近 EW 向展布的盆山构造,断裂前端由于重力作用发生崩塌,形成一条磨拉石带。此时沉积作用由南向北超覆。莱阳期高密凹陷经历了一次形成、发展、灭亡的过程,湖泊鼎盛期沉积了水南组、龙旺庄组,后进入消亡期,沉积环境由还原至氧化,沉积速率由快而慢;莱阳凹陷的经历与高密凹陷类似。莱阳期两处凹陷仍为相对独立的个体,大野头凸起为其提供物源。

3. 火山岩盆地期(早白垩世中—晚期,即青山期)

NW—SE 向构造应力场挤压形成的牟平—即墨断裂带切割较深,对青山期的火山活动起控制作用。火山作用形成的凹陷中沉积了大盛群。青山群岩性和岩相多变,火山岩多发育在断裂附近,表明深断裂是深部物质运移的通道。

4. 盆地激活期(早白垩世晚期—晚白垩世早期,即王氏期)

这一时期 NW—SE 向挤压活动加剧,大盛群发生褶皱,牟平—即墨断裂带发生 NW 向逆冲,该断裂以东相对抬升而受到剥蚀,以西进入新的盆地演化期,胶莱盆地形成东西分带的格局;同时产生的二级断裂控制了王氏群的沉积,形成多个沉降中心。此时的胶莱盆地具有广盆性质,沉积中心由 SE 向 NW 方向迁移,沉积速度缓慢,沉积物粒度较粗,相带清晰,大野头凸起部分被沉积物覆盖,表明胶莱盆地南北两个凹陷已成为一体。

5. 盆地萎缩消亡期(晚白垩世晚期—古近纪)

晚白垩世晚期区域性拉张作用逐渐减弱,水体变浅,形成氧化沉积环境,沉积以河流相和牛轭湖相为主;晚白垩世末期构造应力场发生重大改变,使 NE—SW 向的压应力代替了近 SN 方向的张应力,胶莱盆地逐渐闭合消亡。

(二)胶莱盆地断裂分级

根据断裂的规模和控制作用可将胶莱盆地的断裂分为 3 级(图 7-2)。

1. 一级断裂

沂沭断裂、五莲—荣成断裂、牟平—即墨断裂属于一级断裂,一级断裂为控盆断裂,规模巨大,构成盆地边界,牟平—即墨断裂形成了盆地东西分区的格局。

(1)沂沭断裂。

沂沭断裂为郯庐断裂的山东区段,断裂总体走向为 $10°\sim25°$,主要由 4 条主干断裂及其所夹持的"二堑夹一垒"所组成。沂沭断裂从早侏罗世末诞生之时就开始发生左行剪切运动,在莱阳期达到高潮,但在沂沭断裂带内未发现莱阳群的沉积,这反映了当时处于压扭隆起状态。青山群八亩地组形成于火山作用阶段,王氏群和大盛群形成于沉积阶段,此时应力场以张扭为主,左行剪切幅度进一步减小。新生代以来,沂沭断裂进入挤压隆起阶段。

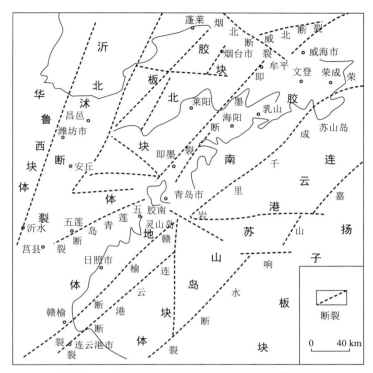

图 7-2　山东及邻区基底构造格架(据马兆同等,1997)

（2）五莲—荣成断裂。

五莲—荣成断裂是胶北地块与胶南地块的分界,呈 NEE—SWW 走向,该断裂被牟平—即墨断裂带切断错开。根据构造透镜体的展布方向、擦痕阶步、派生构造等特征判断,五莲—荣成断裂为压扭性断裂,并发生了多期活动。盆地形成以前表现为强烈挤压,形成超铁镁岩带和双变质带,是胶北地块与胶南地块对接作用的结果。莱阳早期,右旋张性活动明显,后期张性活动与压性活动交替出现,新生代主要表现为压性。

（3）牟平—即墨断裂。

牟平—即墨断裂北起牟平区,向南延至即墨、青岛,全长 100 km,宽 40～50 km,NE 走向,主要由近于平行且等距排列的 4 条正平移断裂组成,断面以 SE 倾向为主,倾角一般为 60°～80°,断裂间距 10 km 左右。4 条断裂向 SW 方向收敛交汇,近平行展布,以左行压扭活动为主。牟平—即墨断裂在早白垩世以张性活动为主,晚白垩世及以后表现为具有挤压性质的左旋平移活动。

2. 二级断裂

二级断裂规模较大,是二级构造单元的分界断裂,对胶莱盆地内二级构造单元的发育和演化具有明显的控制作用。受一级断裂控制,二级断裂均为走向近东西向的正断层,具有多期活动,以王氏期为主。

（1）五龙村断层。位于莱阳市五龙村地区,走向近东西向,倾向北,倾角为 60°～70°,

133

是高角度的正断层;其主要活动期为王氏期,控制着莱阳凹陷王氏群的发育。

(2)平度断层。位于平度地区,走向为东西向,长约 4 km,两端均被第四系覆盖;主要控制王氏期沉积,对莱阳期沉积也有一定的控制作用。

(3)百尺河断层。位于百尺河地区,走向近东西向,地表长达 76 km,倾向南,呈铲形;莱阳晚期开始活动,对莱阳期沉积具有一定的控制作用,其主要活动期为王氏期。

(4)胶县断层。位于柴沟—胶县地区,走向近东西向,地表长约 80 km,倾向北,为正断层;莱阳晚期开始活动,使柴沟地垒与高密凹陷分离,主要活动期为王氏期。

3. 三级断层

胶莱盆地内的三级断层规模均较小,其本身受到一级断裂和二级断裂控制,同时又对盆地内的洼陷和构造带具有显著控制作用。三级断层地表出露主要集中在牟平—即墨断裂带和高密凹陷,走向主要有 NE,NW,NNE 和近东西向。该级断层将白垩系分成许多断块,有利于油气藏的形成。

(三)褶皱构造分析

胶莱盆地部分地区在盆地盖层发育过程中有褶皱作用发生,王氏群褶皱规模较大,莱阳群、青山群较小。

在王氏群中褶皱规模较大的有夏格庄向斜和百尺河向斜。夏格庄向斜两翼由王氏群第二段构成,倾角 13°～15°,属开阔向斜,核部由王氏群第三段组成,轴向近东西或 NWW 向。百尺河向斜西翼为莱阳群或王氏群第二段,翼部倾角 11°左右,核部为王氏群第三段,轴向近东西或 NEE 向。

莱阳群中褶皱地区主要分布在诸城凹陷西南部,为规模较小的 NE,NNE 向褶皱,产状近于直立水平和直立倾伏,形态呈短轴开阔褶皱,两翼夹角大于 70°,长宽比一般小于 3∶1。

青山群中发育 NW,NE 向褶皱,在诸城凹陷东部数量少,规模较大,宽 1.7～5.0 km,长 4.0～5.3 km,盆地西部褶皱群较密集。

二、地层特征

根据岩石组合类型、构造变形特征、变质程度,将胶莱盆地地层分为基底构造岩层系统和盖层构造岩层系统两部分(表 7-1)。胶莱盆地的基底由太古宇和新太古界—新元古界变质岩系组成,在盆地的南北两侧广泛出露。盆地的盖层由下白垩统莱阳群与青山群、上白垩统王氏群组成,局部地区发育古近系黄县组。

表 7-1　胶莱盆地地层划分方案表

地质年代		构造层划分	胶莱盆地	
代	纪		胶　北	胶　南
新生代	古近纪	盖层构造层	黄县组（E₁h）	
中生代	白垩纪		王氏群（K₂w）	
			青山群（K₁q）	
			莱阳群（K₁l）	
	侏罗纪		缺　失	
	三叠纪			
古生代	寒武纪—二叠纪	基底构造层		
新元古代	震旦纪		蓬莱群（Zp）	
	南华纪		缺　失	
	青白口纪			
中元古代				
古元古代			粉子山群（Pt₁f）　荆山群（Pt₁j）	胶南群（Pt₁j）
新太古代			胶东群（Arj）	

（一）新太古界胶东群

胶东群在胶北隆起区大面积出露，在胶莱盆地内广泛分布，视厚度 8 000 m，主要的岩石类型为带状混合黑云变粒岩、黑云斜长片麻岩、斜长角闪岩及麻粒岩、浅粒岩，具有不同程度的混合岩化现象；原岩为基性—中酸性火山岩、火山碎屑岩，属于中高温区域变质作用形成的中深变质岩系。

（二）古元古界荆山群

荆山群在胶北隆起区零星出露，主要分布在边缘地区，根据露头资料和钻井资料可推测其在胶莱盆地广泛分布；与下伏胶东群呈角度不整合接触，岩石类型为黑云片岩、大理岩、斜长片麻岩、黑云变粒岩，原岩为钙质泥岩和灰质砂岩组成的沉积旋回，属于中高温区域变质作用形成的中深变质岩系。

（三）古元古界粉子山群

粉子山群在胶北隆起区零星出露，主要分布在边缘地区，根据露头资料和钻井资料推测其在胶莱盆地内部广泛分布；与下伏荆山群呈角度不整合接触，主要岩性为长石石英岩、黑云变粒岩、黑云片岩、大理岩、石英岩；原岩为砂岩、泥岩和碳酸盐岩岩石组合，属中低温区域变质作用形成的变质岩系。

（四）新元古界蓬莱群

蓬莱群主要分布在庙岛群岛和蓬莱地区；与下伏粉子山群呈角度不整合接触，岩性主要为千枚岩、板岩、石英岩、大理岩；岩石保留各种变余结构，属低温区域变质作用的产物。

（五）中、新生界

胶莱盆地盖层包括白垩系和古近系，白垩系包括下白垩统莱阳群与青山群、上白垩统王氏群，古近系主要为黄县组；盖层岩系主要是一套陆相碎屑岩和火山岩系，发育于胶莱盆地，少数残留于胶北隆起与胶南隆起；褶皱作用弱，而断裂作用强烈，未经区域变质作用，与下伏基底呈不整合接触。

三、白垩系特征

胶莱盆地白垩系发育下白垩统莱阳群与青山群、上白垩统王氏群，莱阳群整体覆盖于青山群、王氏群及第四系之下，是研究的目的层。

（一）下白垩统莱阳群

莱阳群是发育于胶莱盆地中、底以前震旦系变质岩为界、顶以出现青山期火山岩或火山碎屑岩为界的一套以河湖相沉积为主的碎屑岩。关于该套地层的研究工作开展得较早，产生多种划分方案（表7-2），主要有3种意见：① 六分方案，原地质部石油地质局第一普查勘探大队（简称"一普"）将莱阳群划分为6个组，自下而上分别为逍仙庄组、止凤庄组、马耳山组、水南组、龙旺庄组、曲格庄组；② 四分方案，山东省地质局805队（现名为山东省地质局区域地质调查队）将莱阳群划分为4个岩性段；③ 二分方案，如郝诒纯等把莱阳群划分为上下2个亚组（组），自下而上分别为下亚组、上亚组，每一亚组（组）各划3段，其界线与六分方案基本相同。

关于莱阳群地质时代的归属一直存在争议。20世纪20—30年代，葛利普、周赞衡、谭锡畴、秉志、王恒升等认为莱阳群应属白垩世；20世纪60—70年代，顾知微、刘宪亭等将莱阳群时代归属于晚侏罗世；20世纪80年代初以来，我国地层古生物工作者在莱阳群中发现了大量的标准化石，同时结合同位素年龄，将莱阳群地质时代确定为早白垩世。

综合前人的研究成果，我们认同将莱阳群时代定为早白垩世的观点，并采用将莱阳群分为逍仙庄组、止凤庄组、马耳山组、水南组、龙旺庄组、曲格庄组的划分方法（图7-3）。

表 7-2　胶莱盆地莱阳群、青山群划分沿革表

谭锡畴(1923)		一普(1962)		华东石院(1972)		南古所(1980)		郝诒纯(1982)		山东地质局(1987)		山东地质局(1989)		吴守法等(1990)	
时代	分层	时代	分层	时代	分层	时代	分层	时代	分层	时代	分层	时代	分层	时代	分层
白垩纪	青山层	早白垩世	第一旋回 / 第二旋回（青山群）	早白垩世	青山群	白垩纪	青山组（二、一）	白垩纪	青山群	早白垩世	青山组（四、三、二、一）	早白垩世	青山组（二、一）	早白垩世	青山组（三、二、一）
	莱阳层（三、二）	晚侏罗世	曲格庄组 / 龙旺庄组 / 水南组 / 马耳山组 / 止凤庄组	晚侏罗世	莱阳群：曲格庄组 / 龙旺庄组 / 水南组 / 马耳山组 / 止凤庄组		莱阳组（六、五、四、三、二、一）		莱阳群：水南组		莱阳群（四、三、二、一、瓦屋夼组）		莱阳组（四、三、二、一）		莱阳组（五、四、三、二、一）
		早中侏罗世	逍仙庄组		逍仙庄组				逍仙庄组						
泰山纪五台纪		前震旦纪		前震旦纪		前震旦纪		汶南组		荆山群		前震旦纪		胶东群	

1. 逍仙庄组(K_1lx)

逍仙庄组为胶莱盆地发育早期的局部洼陷沉积，以深灰绿色、深黄绿色页岩、粉砂岩为主。该组下部为黄褐色砂砾岩（图 7-4a），向上粒度变细，砾石减少；中部为深灰色钙质页岩夹 1～3 cm 厚的钙质泥岩，可见水平层理，含有大量的叶肢介及一些植物化石；上部

为砂岩(图 7-4b,c)、深黑色钙质页岩(图 7-4d)。自下而上,逍仙庄组的砾岩—含砾砂岩—砂岩—泥页岩—粉细砂岩构成一个完整的水进—水退旋回。

统	群	组	岩性剖面	符号	厚度/m	岩性描述
上统	莱阳群	曲格庄组	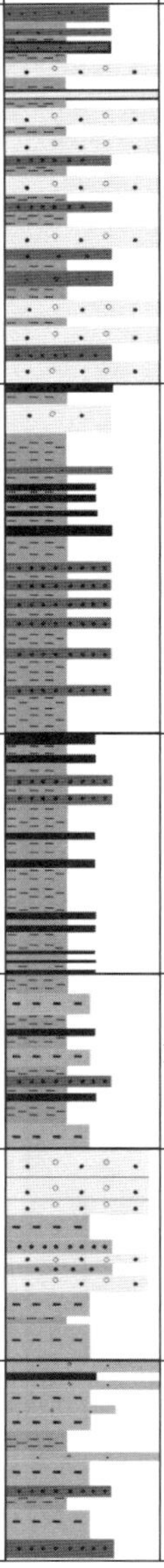	K_1lq	>427	上部:粉砂岩、砂岩、粉砂质泥岩韵律层 下部:砾状砂岩,含砾砂岩、粉砂质泥岩互层
		龙旺庄组		K_1ll	427	黄绿色、紫灰色、土黄色中细砂岩、粉砂岩,夹灰绿色、灰紫色钙质泥岩、页岩
下统		水南组		K_1ls	320	深灰色、灰黑色页岩、粉砂质泥岩为主,夹浅灰色、灰黄色微晶灰岩及灰黄色、灰绿色细砂岩、粉砂岩
		马耳山组		K_1lm	123	以黄绿色、灰绿色砂岩、砾岩为主,夹钙质页岩
		止凤庄组		K_1lz	138	以灰紫色砾岩、含砾砂岩为主,夹少量灰黄色、浅灰色砂岩及浅紫色泥页岩
		逍仙庄组		K_1lx	102	上部:砾状砂岩或含细砾砂岩和粉砂岩的韵律层 下部:砂岩、粉砂岩、页岩韵律层

图 7-3　莱阳凹陷莱阳群发育特征

逍仙庄组分布局限,仅在莱阳地区龙旺庄、山前店、瓦屋夼及诸城皇华店、五莲高泽一带出露。该组与下伏元古代荆山群呈角度不整合接触;其上在莱阳地区与止凤庄组为角度不整合接触。

（a）逍仙庄组黄褐色砂砾岩，瓦屋夼东

（b）逍仙庄组中粗砂岩，瓦屋夼东

（c）逍仙庄组土黄色中粗粒砂岩夹
深灰色钙质页岩，瓦屋夼东

（d）逍仙庄组深黑色钙质页岩，瓦屋夼东

图 7-4　逍仙庄组岩石特征

2. 止凤庄组（K_1lz）

该组发育于盆地演化阶段早期，属于边缘冲（洪）积扇沉积，以浅紫红色细砾岩、灰紫色砾岩、含砾砂岩（图 7-5a）为主，夹有少量灰黄色、浅灰色砂岩及浅紫色泥页岩（图 7-5b）。下部为紫红色砾岩，砾石成分以花岗岩屑和变质岩屑为主，分选和磨圆较差，砾石呈层状分布、粒序变化或呈旋回分布，向上砾石逐渐变少；上部为浅紫红色细砾岩。该组粒序层理、小型斜层理发育，可见断层、波痕、泥裂构造及一些植物茎化石。

（a）止凤庄组浅紫红色细砾岩，
砾石呈层状分布，止凤庄南

（b）止凤庄紫红色泥岩夹薄层土
黄色粉砂岩，山前店村南

图 7-5　止凤庄组岩石特征

止凤庄组主要出露在盆地的边缘部位，在北部的莱阳凹陷和南部的诸城凹陷较为发育，不整合于逍仙庄组之上。

3. 马耳山组（K_1lm）

该组为水体较浅的湖泊相沉积，以土黄色砾岩（图 7-6a）、砂岩为主，夹有土黄色钙质页岩(图 7-6b),土黄色砂岩夹灰色、紫红色泥页岩(图 7-6c,d);砾岩分选差,磨圆中等,为次棱角状;见断层,化石稀少,仅见植物碎片。

马耳山组在海阳一带广泛出露,厚度可达上千米,与上覆水南组、下伏止凤庄组均为整合接触。

(a) 土黄色砾岩,G309 国道 158 km

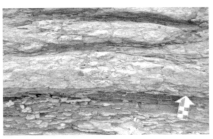
(b) 土黄色钙质页岩,G309 国道 158 km

(c) 细砂岩夹紫红色泥页岩,山前店村南

(d) 土黄色砂岩夹灰色、紫红色泥页岩,山前店村南

图 7-6 马耳山组岩石特征

4. 水南组(K_1ls)

该组为湖相沉积,沉积物色调暗、粒度细,岩性以灰黑色、深灰色页岩夹薄层土黄色钙质砂岩(图 7-7a),灰黑色页岩夹土黄色泥岩(图 7-7b),灰黑色、深灰色薄层状页岩、粉砂岩夹泥岩(图 7-7c),粉砂质泥岩夹薄层砂岩(图 7-7d)为主,可见断层,页岩及薄层粉砂岩中常含丰富的动植物化石。

水南组在胶莱盆地内普遍分布,其下与马耳山组、上与龙旺庄组皆为整合接触。

5. 龙旺庄组(K_1ll)

该组以浅湖、河口三角洲相为主,岩石类型主要为灰紫色、灰绿色中细粒砂岩、粉砂岩、粉砂质泥岩组成的韵律。该组下部为紫黄色中厚层砂岩夹黄绿色、深灰色及紫红色泥岩(图 7-8a,b,c),中部为浅灰色页岩与砂岩互层(图 7-8d),上部为暗紫色泥岩夹土黄色细砂岩和深灰色泥岩(图 7-8e)。该组发育斜层理,化石稀少。

龙旺庄组在胶莱盆地莱阳、海阳一带广泛出露,与下伏水南组、上覆曲格庄组皆为整合接触关系。

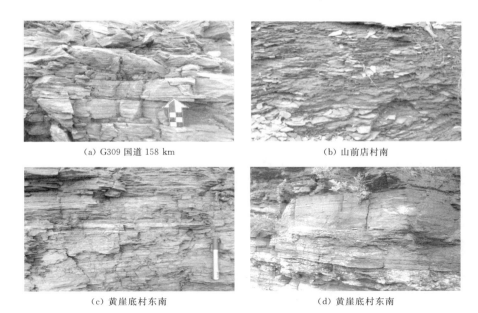

(a) G309 国道 158 km　　　　　　　　　　　(b) 山前店村南

(c) 黄崖底村东南　　　　　　　　　　　　(d) 黄崖底村东南

图 7-7　水南组岩石特征

6. 曲格庄组（K_1lq）

该组为典型的河流相沉积，岩性以灰绿色复成分细砾岩、暗紫色含砾粗砂岩（图 7-8f）为主，夹少量泥页岩。泥岩中产丰富的双壳类、腹足类和介形虫化石，砂岩中发育交错层理、变形层理、冲刷槽。

曲格庄组主要在胶莱盆地莱阳、海阳一带广泛出露，与基底地层呈不整合接触。

（二）下白垩统青山群

青山群为一套岩性复杂的火山喷发岩和火山碎屑岩系，其中夹有厚度不等的碎屑岩，如砂岩和粉砂岩，主要岩性为流纹质凝灰岩、角砾岩、安山质火山角砾岩、集块岩等。碎屑岩地层中含化石。

青山群在胶莱盆地的东北部和西南部分布广泛，可作为胶莱盆地地层对比的标志，与下伏莱阳群呈角度不整合或假整合接触。

（三）上白垩统王氏群

王氏群为河流相夹滨浅湖相，主要岩性为一套河流相沉积的暗紫色、棕红色砂岩、粉砂岩夹砾岩；胶县西南以紫红色砾岩、凝灰质细砾岩为主，夹有滨浅湖相的杂色碎屑岩，并发育火山岩夹层，产化石。

王氏群沉积范围在胶莱盆地白垩系中最大，主要发育在莱阳凹陷和郭城凹陷，与下伏地层呈平行不整合或微角度不整合接触。

胶莱盆地是形成于中生代晚侏罗世的陆相盆地，盆地内缺失古生代沉积，只发育中、新生代地层。中生代主要沉积地层为下白垩统莱阳群、青山群以及上白垩统王氏群。胶莱盆地发育良好的储层和盖层,并经历了油气的生成过程。因此,研究的主要目的层系为下白垩统莱阳群。

(a) 紫黄色中厚层砂岩夹深灰色及
紫红色泥岩,溪聚村南

(b) 紫黄色、土黄色厚层—巨厚层粉砂岩夹
灰绿色泥岩,黄崖底村东南

(c) 薄层土黄色细砂岩与深灰色、
紫红色泥岩互层,溪聚村南

(d) 浅灰色页岩与砂岩互层,溪聚村南

(e) 暗紫色泥岩夹土黄色细砂岩和
深灰色泥岩,南龙旺庄南

(f) 暗紫色含砾粗砂岩,北曲格庄南

图 7-8　龙旺庄组(a~e)、曲格庄组(f)岩石特征

四、莱阳群沉积期岩相古地理特征

莱阳群沉积时期,胶莱盆地在沂沭断裂带和五莲—即墨—牟平断裂中、西段的控制下向东北方向走滑。莱阳凹陷是胶莱盆地中相对独立的一个沉积单元,由于五龙村断层控制了莱阳凹陷的沉降,使莱阳群沉积时期湖盆沉积中心经历了重大迁移,呈南断北超特点。卢春红等(2012)根据湖盆中部莱阳群水南组的干裂、雨痕、泥裂等反映浅水-暴露环

境的沉积构造与暗色泥岩互层特征,认为胶莱盆地深水和浅水的沉积环境是频繁交替的。在莱阳群沉积早期,郯庐断裂带走滑拉伸作用使胶莱盆地沉降加剧,盆地范围迅速向南西方向扩展,湖盆沉积中心位于莱阳—海阳一带,以滨浅湖相沉积环境为主。莱阳群沉积晚期,盆地沉积中心由莱阳—海阳一带向诸城、莒县一带迁移,莱阳—海阳地区湖盆基本消失,仅在湖盆中心残留局部浅湖相。诸城—高密地区广泛分布着莱阳期形成的河流相、滨浅湖相砂岩,表明此阶段莱阳群以河流相、滨浅湖相沉积环境为主。就整个莱阳群而言,莱阳群沉积经历了两个大的旋回:逍仙庄组沉积时期为一个旋回,代表一次快速水进—水退事件;上部地层代表了另一沉积旋回,由止凤庄组、马耳山组、水南组、龙旺庄组、曲格庄组5个沉积时期组成,反映了湖盆由开始发育到消亡的全过程。具体各个沉积时期的岩相古地理特征如下:

(一)逍仙庄组沉积时期

逍仙庄组沉积时期为胶莱盆地发育的初始活动时期,其沉积范围局限,具"填洼补平"特征。该组在莱阳龙旺庄、山前店瓦屋夼、诸城皇华店、五莲高泽一带均有出露,其砾岩—含砾砂岩—砂岩—泥页岩—粉细砂岩构成一个完整的水进—水退旋回。李金良(2006)、李金良等(2007)认为逍仙庄组沉积时期可能由几个相互独立的湖盆组成,且湖盆规模较小,相互不连通,沉积厚度不大,只在南部和北部局部地区形成串珠状凹陷,湖水是一个浅—深—浅的发展过程。姜在兴等(1993)认为逍仙庄组沉积时期仅在盆地南部的诸城和北部的莱阳地区形成两个凹陷。其中,诸城凹陷主要沉积区为五莲地区和诸城地区,为扇三角洲沉积环境。北部的莱阳地区包括整个莱阳凹陷和桃村—即墨断裂带北部,沉降中心位于桃村—即墨断裂带北部,而沉积中心则位于莱阳凹陷。桃村—即墨断裂带北部为冲积扇相沉积环境,莱阳凹陷为扇三角洲—湖泊沉积相环境。

(二)止凤庄组和马耳山组沉积时期

逍仙庄组沉积末期,周缘断裂活动加强,胶莱盆地发生较大规模的水退,导致逍仙庄组遭受剥蚀。胶莱盆地沉降中心分别位于诸城—柴沟一带和朱吴附近。

止凤庄组沉积时期,高密凹陷开始形成。同时,桃村—即墨断裂带也开始活动,并控制盆地内的沉积作用。整个盆地岩性横向变化较大,莱阳凹陷止凤庄组岩性较粗,主要由紫红色细砾岩、巨砾岩、含砾砂岩和砂岩组成,发育山麓洪积扇相沉积,洪积扇层序由下向上分别为块状砂砾岩、砂砾岩、含砾砂岩。朱吴一带主要为紫红色块状砾岩沉积。诸城凹陷止凤庄组岩性略细,为河流相沉积。

马耳山组沉积时期,构造运动趋于缓和,以稳定沉积作用为特征,沉积物粒度较细。胶莱盆地止凤庄组和马耳山组为干旱—半干旱的气候环境。

止凤庄组和马耳山组沉积时期为胶莱盆地发育的早期阶段,周缘断裂活动加强,受东南缘和东北缘断裂活动的影响,地形高差较大,盆地边缘相极其发育,沿盆地西北缘发育泥石流沉积,盆地中心地带则发育河流相沉积(图7-9)。

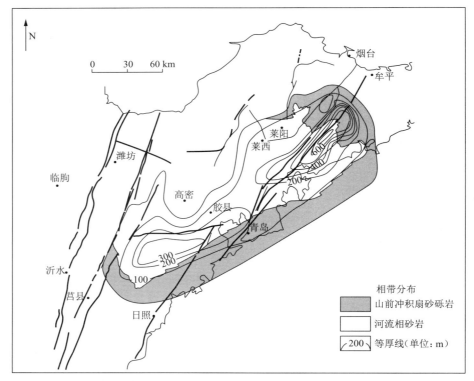

图 7-9　莱阳群止凤庄组和马耳山组沉积岩相古地理图(据李金良,2006)

（三）水南组和龙旺庄组沉积时期

水南组沉积时期是胶莱盆地最大湖侵时期,湖盆面积达到最大,为盆地发育的鼎盛时期。此时期,构造活动相对较弱,桃村—即墨断裂带明显控制着沉积。盆地内主要发育深灰色、灰色泥页岩、砂质泥岩、砂岩、砂砾岩以及泥质白云岩等,为深湖相沉积;盆地沉积中心位于莱阳凹陷、诸城凹陷和桃村—即墨断裂一带。姜在兴等(1993)根据构造格局和沉积特征将胶莱盆地水南组沉积区分为局限湖泊区、湖沟区、火山碎屑—湖泊区和开阔湖泊区四大沉积区。其中,局限湖泊区分为湖湾相和三角洲相;湖沟区分为三角洲相、水下扇相、湖沟浊积岩相和较深湖相;湖泊区分为滨湖相、浅湖相、较深湖相、河流—三角洲相以及浊积岩相。

龙旺庄组沉积时期,构造活动趋向活跃,地形高差开始增加,气候向半湿热半干旱方向转化,湖水开始撤退,湖泊相沉积明显减少。莱阳凹陷和桃村—即墨断裂带以滨湖和三角洲相沉积为主,而诸城凹陷和高密凹陷以冲积扇—辫状河相沉积为特征。这一时期,盆地内的沉积中心位于莒县—诸城和朱吴—即墨两个断陷槽(图 7-10)。

（四）曲格庄组沉积时期

曲格庄组沉积时期,构造运动强烈,为干旱—半干旱气候,沉积环境发生了重大的变化。莱阳—海阳地区发生抬升,湖水向西南方向退出,盆地沉降中心由北东向南西迁移。

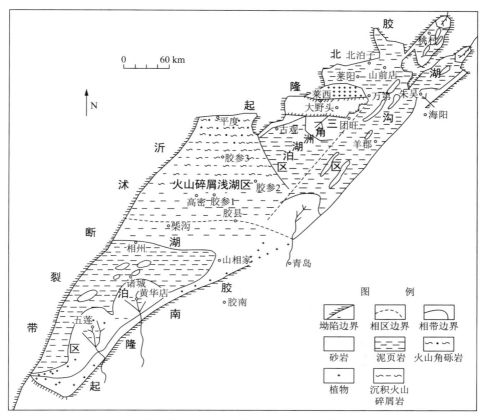

图 7-10 胶莱盆地水南组沉积岩相古地理图(据姜在兴等,1993)

代表性沉积类型为透镜状河流砂体,常见大型交错层理。莒县地区由于盆地沉降加速,形成了以发育巨厚层湖相火山碎屑浊积岩沉积为特征的中楼—石场凹陷。诸参凹陷曲格庄组岩性主要为紫红色、灰色砂砾岩、含砾砂岩,灰色细砂岩及泥岩。密凹陷曲格庄组主要为紫红色泥岩,紫红色、灰色砂岩、含砾砂岩、粉砂岩及细砂岩。此时为胶莱盆地莱阳群沉积末期,这一时期胶莱盆地以河流相沉积为主,仅局部地区发育冲积扇相沉积(图 7-11)。

五、莱阳群沉积相特征

胶莱盆地内具有多个钻测井及野外剖面资料,其中,钻测井剖面主要位于莱阳凹陷、高密凹陷及诸城凹陷。我们结合前人研究、钻测井资料及野外实测剖面,对胶莱盆地的沉积相特征进行分析。

(一)野外实测剖面沉积相

胶莱盆地野外地质剖面主要分布于莱阳凹陷、高密凹陷和诸城凹陷,包括莱阳凹陷标准剖面、沐浴店剖面、山前店剖面、黄崖底—南泊子剖面,高密凹陷团旺剖面、姜瞳剖面以及诸城凹陷皇华店剖面等。我们实测了 3 条野外露头剖面,并对剖面沉积相进行了详细分析。

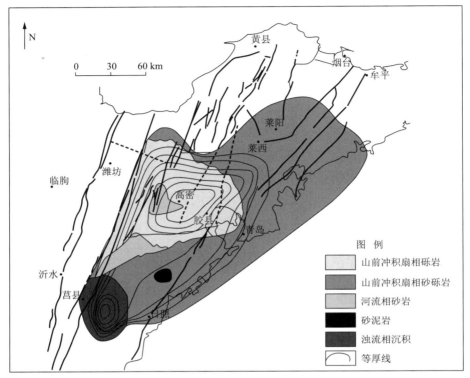

图 7-11　莱阳群曲格庄组沉积岩相古地理图(据李金良,2006)

1. 莱阳凹陷标准剖面

莱阳凹陷标准剖面位于莱阳市东南龙旺庄镇附近公路边,地层出露完整,包含全部莱阳群。逍仙庄组岩性主要为深灰色、土黄色钙质页岩,夹极薄层状钙质泥岩与中粗砂岩,沉积环境主要为湖泊相沉积;止凤庄组岩性主要由紫红色细砾岩与紫红色砾岩组成,为冲积扇扇根亚相沉积;马耳山组岩性为土黄色砾岩,土黄色、灰色页岩和土黄色细砂岩,为河流相沉积;水南组岩性以深灰色、黄绿色、灰绿色、灰黑色页岩,浅灰色厚层状泥岩,灰黑色、灰绿色、土黄色泥岩,黄绿色、土黄色砂岩为主,下部为滨浅湖亚相沉积,中部为深湖—半深湖亚相沉积,上部为三角洲前缘亚相沉积和滨浅湖亚相沉积;龙旺庄组岩性以深灰色、暗紫色泥岩,浅灰色页岩,土黄色、紫色砂岩为主,为三角洲相沉积;曲格庄组岩性以紫红色含砾砂岩为主,为辫状河亚相沉积(图 7-12)。

2. 黄崖底剖面

黄崖底剖面位于莱阳市黄崖底村东南 4 km 处,出露有马耳山组、水南组和龙旺庄组。马耳山组岩性以土黄色巨厚层状细砂岩为主,为滨浅湖亚相沉积;水南组岩性以灰色、深灰色泥岩及土黄色粉砂岩为主,上部深灰色、灰色泥岩段为深湖—半深湖亚相沉积,下部土黄色、灰色粉砂岩和灰色、褐色泥岩,土黄色泥岩为滨浅湖亚相沉积;龙旺庄组岩性主要以土黄色粉砂岩、灰绿色泥岩为主,为滨浅湖亚相沉积(图7-13)。

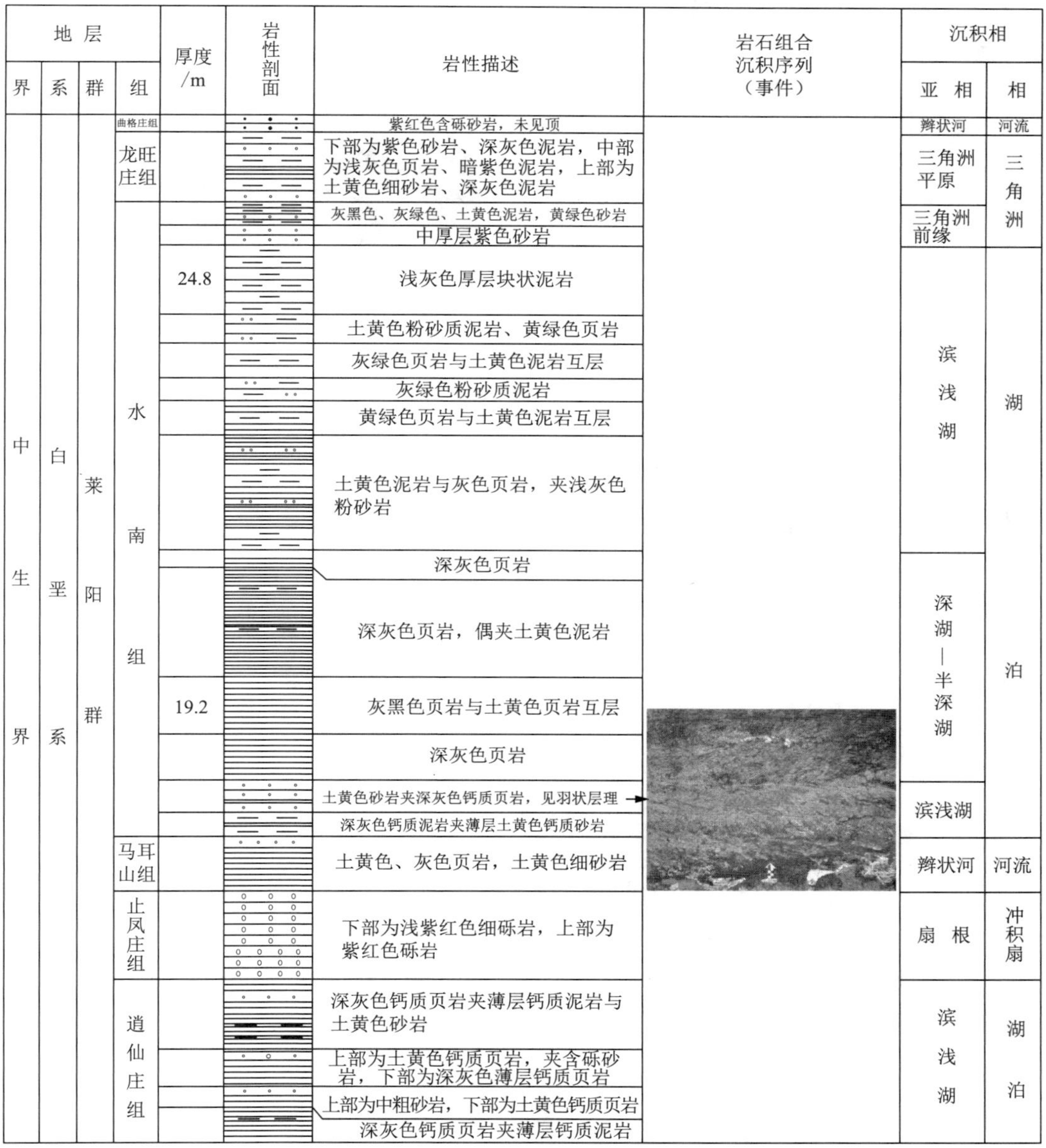

地　层				厚度/m	岩性剖面	岩性描述	岩石组合沉积序列(事件)	沉积相	
界	系	群	组					亚　相	相
中 生 界	白 垩 系	莱 阳 群	曲格庄组			紫红色含砾砂岩,未见顶		辫状河	河流
			龙旺庄组			下部为紫色砂岩、深灰色泥岩,中部为浅灰色页岩、暗紫色泥岩,上部为土黄色细砂岩、深灰色泥岩		三角洲平原	三 角 洲
						灰黑色、灰绿色、土黄色泥岩,黄绿色砂岩		三角洲前缘	
			水 南 组			中厚层紫色砂岩			
				24.8		浅灰色厚层块状泥岩		滨 浅 湖	湖
						土黄色粉砂质泥岩、黄绿色页岩			
						灰绿色页岩与土黄色泥岩互层			
						灰绿色粉砂质泥岩			
						黄绿色页岩与土黄色泥岩互层			
						土黄色泥岩与灰色页岩,夹浅灰色粉砂岩			
						深灰色页岩		深湖—半深湖	泊
						深灰色页岩,偶夹土黄色泥岩			
				19.2		灰黑色页岩与土黄色页岩互层			
						深灰色页岩			
						土黄色砂岩夹深灰色钙质页岩,见羽状层理		滨浅湖	
						深灰色钙质泥岩夹薄层土黄色钙质砂岩			
			马耳山组			土黄色、灰色页岩,土黄色细砂岩		辫状河	河流
			止凤庄组			下部为浅紫红色细砾岩,上部为紫红色砾岩		扇　根	冲积扇
			逍 仙 庄 组			深灰色钙质页岩夹薄层钙质泥岩与土黄色砂岩		滨 浅 湖	湖 泊
						上部为土黄色钙质页岩,夹含砾砂岩,下部为深灰色薄层钙质页岩			
						上部为中粗砂岩,下部为土黄色钙质页岩			
						深灰色钙质页岩夹薄层钙质砂岩			

图 7-12　莱阳凹陷莱阳群标准剖面沉积相分析图

3. 山前店剖面

山前店剖面位于山前店村南 1 km 处,出露有止凤庄组、马耳山组、水南组以及龙旺庄组。止凤庄组以紫红色泥岩为主,夹薄层土黄色粉砂岩,为三角洲平原亚相沉积;马耳山组岩性以土黄色砂岩为主,夹灰色、紫红色泥岩,为三角洲前缘亚相沉积;水南组岩性以灰色、灰黑色、灰绿色页岩,土黄色粉砂岩,深灰色粉砂质泥岩为主,为滨浅湖亚相沉积;龙旺庄组岩性为土黄色粉砂岩、灰色砾岩,为三角洲前缘亚相沉积(图 7-14)。

地 层				厚度/m	岩性剖面	岩性描述	岩石组合沉积序列（事件）	沉积相	
界	系	群	组					亚 相	相
中生界	白垩系	莱阳群	龙旺庄组	80		厚层—巨厚层土黄色粉砂岩、灰绿色泥岩,见斜层理		滨浅湖	湖相
中生界	白垩系	莱阳群	水南组	40		深灰色泥岩夹薄层粉砂岩		深湖—半深湖	湖泊相
中生界	白垩系	莱阳群	水南组	78		灰色、土黄色粉砂岩,灰色泥岩夹薄层细砂岩		深湖—半深湖	湖泊相
中生界	白垩系	莱阳群	水南组	12.4		褐色泥岩,向上变为深灰色泥岩		滨浅湖	湖泊相
中生界	白垩系	莱阳群	水南组	9.2		土黄色厚层状粉砂岩夹薄层灰绿色泥岩		三角洲前缘	三角洲相
中生界	白垩系	莱阳群	水南组	30		土黄色粉砂岩夹灰绿色、土黄色泥岩		三角洲前缘	三角洲相
中生界	白垩系	莱阳群	水南组	7.2		深灰色、灰色、土黄色泥岩		三角洲前缘	三角洲相
中生界	白垩系	莱阳群	马耳山组	8.8		土黄色巨厚层状细砂岩		滨浅湖	三角洲相

图 7-13 胶莱盆地黄崖底剖面莱阳群沉积相分析图

(二) 单井剖面沉积相

1. 莱阳凹陷单井剖面

目前,莱阳凹陷钻孔有莱浅 2、莱孔 2、莱浅 1、莱参 1 等井,其中,莱浅 2、莱参 1 井揭示的莱阳群较为完整。根据区内钻测井以及野外露头剖面资料,莱阳凹陷莱阳群自下而上为逍仙庄组、止凤庄组、马耳山组、水南组、龙旺庄组和曲格庄组。

莱参 1 井位于莱阳地区山前店背斜带,通过岩芯观察,莱参 1 井单井剖面中莱阳群缺失曲格庄组,见龙旺庄组、水南组及马耳山组,未见莱阳群底界。龙旺庄组主要为粉细砂岩与粉砂岩互层,并夹薄层泥质粉砂岩,属扇三角洲前缘亚相沉积;水南组主要为粉细砂岩、泥质砂岩,灰色、灰黑色、深灰色泥岩、泥灰岩、白云岩及泥质粉砂岩,为滨浅湖亚相沉积；马耳山组以黄绿色砂岩、土黄色砾岩为主，夹钙质页岩，为滨浅湖亚相沉积（图7-15）。

地 层				厚度/m	岩性剖面	岩性描述	沉积相	
界	系	群	组				亚 相	相
中 生 界	白 垩 系	莱 阳 群	龙旺庄组	12		紫红色、土黄色砂岩，灰色砾岩，向上变为灰绿色与土黄色砂岩互层	三角洲前缘	三角洲相
				6		土黄色粉砂岩夹紫红色泥页岩		
				16		粉砂岩夹紫红色泥岩，向上变为细砂岩夹灰绿色粉砂质泥岩		
			水 南 组	30		下部灰绿色泥岩，向上变为灰色泥岩，夹薄层粉砂岩且砂岩向上变厚	滨 浅 湖	湖 泊 相
				25.6		灰黑色、灰绿色页岩夹薄层粉砂岩		
				10		灰色页岩夹薄层粉砂岩		
				72.1		灰绿色页岩夹土黄色中厚层状砂岩		
				38.4		灰绿色页岩与棕黄色粉砂岩互层		
				36		棕黄色中厚层状粉砂岩夹薄层灰绿色页岩		
				22		灰绿色页岩夹土黄色泥岩		
				22.8		深灰色粉砂质泥岩夹薄层砂岩		
			马耳山组	45		土黄色砂岩夹灰色、紫红色泥岩	三角洲前缘	三角洲相
			止凤庄组	21.5		紫红色泥岩夹薄层土黄色粉砂岩	三角洲平原	

图 7-14　胶莱盆地山前店剖面莱阳群沉积相分析图

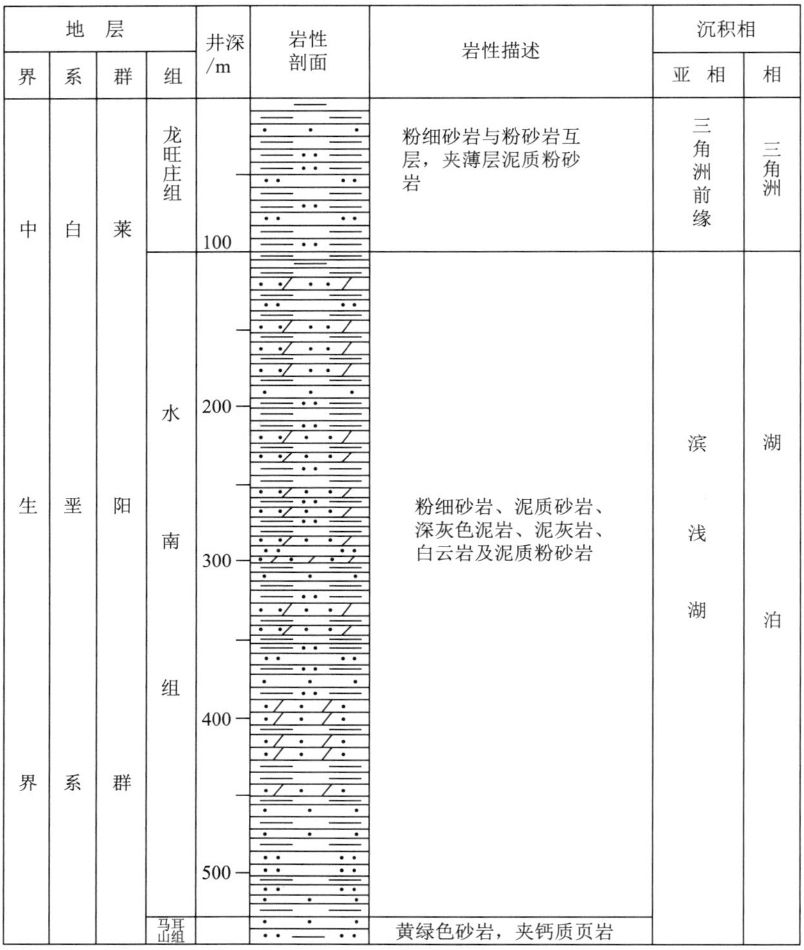

地层				井深/m	岩性剖面	岩性描述	沉积相	
界	系	群	组				亚相	相
中生界	白垩系	莱阳群	龙旺庄组	100		粉细砂岩与粉砂岩互层,夹薄层泥质粉砂岩	三角洲前缘	三角洲
			水南组	200 300 400 500		粉细砂岩、泥质砂岩、深灰色泥岩、泥灰岩、白云岩及泥质粉砂岩	滨浅湖	湖泊
			马耳山组			黄绿色砂岩,夹钙质页岩		

图 7-15　莱参 1 井单井剖面莱阳群沉积相分析图

　　莱浅 2 井位于莱阳市山前店镇,见龙旺庄组与水南组。龙旺庄组主要为粉砂岩、泥质粉砂岩与深灰色泥岩互层,夹薄层砂质泥岩、细砂岩,为滨浅湖亚相沉积;水南组为粉砂岩、泥质粉砂岩与深灰色泥岩、白云质粉砂岩、砂质泥岩,上部为滨浅湖亚相沉积,下部为半深湖亚相沉积(图 7-16)。岩石颜色自下而上由灰黑色、深灰色、灰色为主,变为灰色、紫色、紫红色为主,反映其沉积环境由还原环境变为氧化环境;岩石组合由砂质泥岩、白云质粉砂岩、泥质粉砂岩和深灰色泥岩,向上变为粉砂岩为主,夹泥岩组合,显示由细变粗的反旋回,揭示水深由深变浅;见水平层理及微斜层理,反映水体能量较弱的沉积环境。

　　综上所述,结合野外实测剖面沉积相分析可知,莱阳凹陷莱阳群可识别出河流相、三角洲相、冲积扇相和湖泊相 4 种沉积相。这与秦杰(2011)通过对莱阳凹陷莱阳群岩石特征的研究一致,他认为莱阳凹陷莱阳群为一套复杂的河湖相碎屑岩沉积相组合。由野外实测剖面和单井剖面可见,水南组岩性主要为灰色、灰黑色、深灰色泥岩且厚度较大,累积厚度达 100 余米。根据各段岩性特征,河流相可分为曲流河和辫状河两类亚相;湖泊相可分为滨浅湖和深湖—半深湖两类亚相;三角洲相可分为三角洲前缘和三角洲平原两类亚相;冲积扇为扇根亚相。

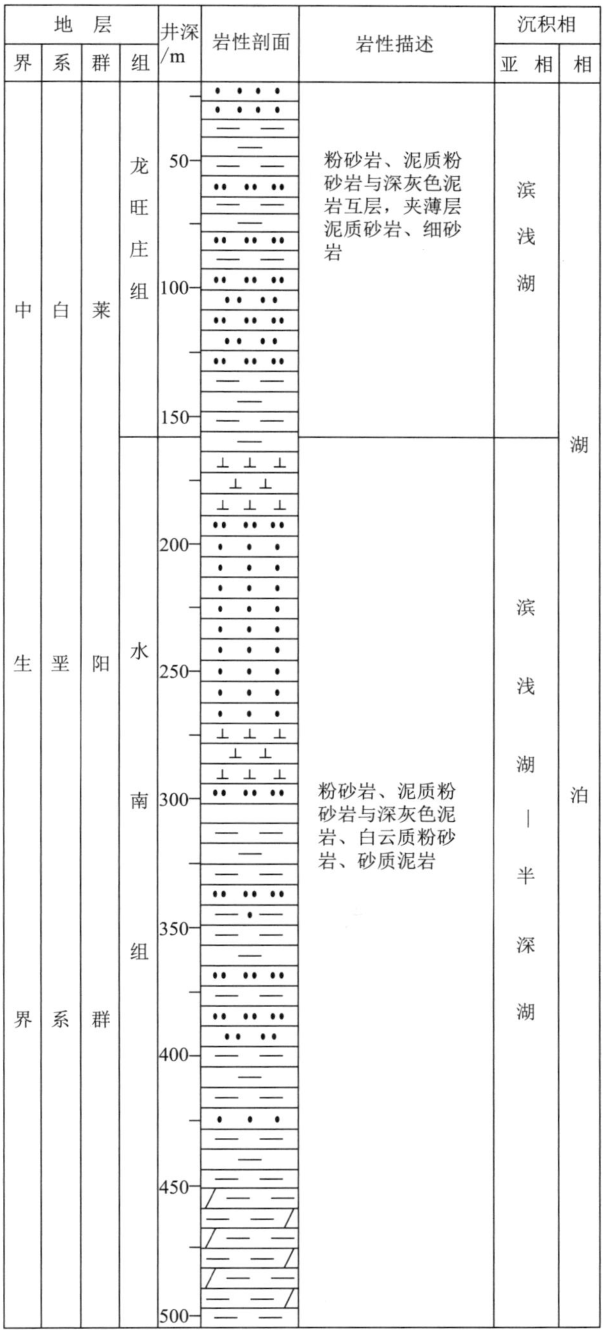

地层				井深/m	岩性剖面	岩性描述	沉积相	
界	系	群	组				亚相	相
中生界	白垩系	莱阳群	龙旺庄组	50 100 150		粉砂岩、泥质粉砂岩与深灰色泥岩互层，夹薄层泥质砂岩、细砂岩	滨浅湖	湖泊
			水南组	200 250 300 350 400 450 500		粉砂岩、泥质粉砂岩与深灰色泥岩、白云质粉砂岩、砂质泥岩	滨浅湖—半深湖	

图 7-16 莱浅 2 井单井剖面莱阳群沉积相分析图

2. 高密凹陷单井剖面

高密凹陷位于胶莱盆地的中部，分为夏格庄洼陷（姜山洼陷）、平度洼陷、李党家—马山凸起以及高密洼陷4个次级构造单元,为胶莱盆地最大的次级构造单元。凹陷内具有多个钻井、钻孔及野外露头剖面资料,但整个高密凹陷白垩系出露较少。平度洼陷内,由于基本无野外露头,且钻井资料较少,故莱阳群分布情况尚不清楚。胶参2井位于高密凹陷中部李党家—马山凸起内,莱阳群主要有曲格庄组、龙旺庄组以及水南组。曲格庄组主要为紫红色泥岩,紫红色粉砂岩、灰色粉砂岩、砂质泥岩、含砾砂岩及粉细砂岩,属辫状河三角洲平原—前缘亚相沉积;龙旺庄组为灰色、灰绿色含砾砂岩、细砂岩及粉砂质泥岩,属辫状河三角洲前缘亚相沉积;水南组为粉砂质泥岩及厚层的泥岩,属三角洲前缘—半深湖亚相沉积。胶参2井由底部的水南组向上显示沉积物粒度变粗的趋势,表明莱阳群沉积期水深由深变浅(图7-17)。

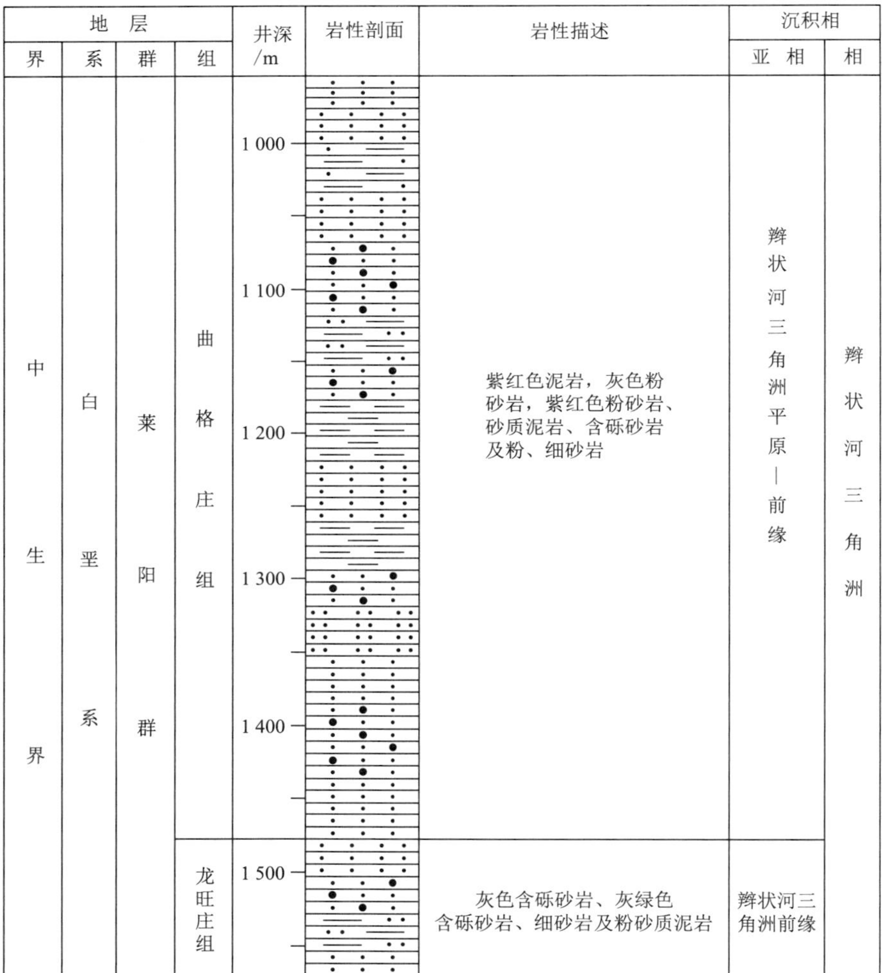

地层				井深/m	岩性剖面	岩性描述	沉积相	
界	系	群	组				亚相	相
中生界	白垩系	莱阳群	曲格庄组	1 000 1 100 1 200 1 300 1 400		紫红色泥岩,灰色粉砂岩,紫红色粉砂岩、砂质泥岩、含砾砂岩及粉、细砂岩	辫状河三角洲平原—前缘	辫状河三角洲
			龙旺庄组	1 500		灰色含砾砂岩、灰绿色含砾砂岩、细砂岩及粉砂质泥岩	辫状河三角洲前缘	
			水南组	1 600		粉砂质泥岩及泥岩	三角洲前缘	湖泊
						泥岩	半深湖	

图 7-17　胶参 2 井单井剖面莱阳群沉积相分析图

该剖面内发育有良好的深灰色、灰黑色泥岩,单层厚度最厚达 20 m。高密地区莱阳群沉积主要有两类沉积相:辫状河三角洲相和湖泊相。辫状河三角洲相可分为辫状河三角洲平原亚相及三角洲前缘亚相。姜在兴等(1993)、李金良等(2007)认为高密凹陷水南组沉积时期还发育火山碎屑浅湖区,但区内并未发现正常的火山岩,李金良等(2007)推测认为火山碎屑来自胶北隆起带,由河流带入凹陷中沉积而成。

3. 诸城凹陷单井剖面

诸城凹陷内仅有诸参 1 井一口钻井,井深 5 010 m,所揭示莱阳群厚度较大,为 2 856 m。根据钻井资料,诸城凹陷主要发育莱阳群曲格庄组、龙旺庄组及水南组。曲格庄组岩性为灰绿色、浅灰色砾状砂岩、含砾砂岩,灰色、灰绿色粗砂岩,灰绿色、灰色细砂岩,灰绿色粉细砂岩,紫红色、深灰色泥岩、泥质粉砂岩,夹紫红色、深灰色泥质砂岩,紫红色、灰色粉砂岩,沉积环境为三角洲平原—三角洲前缘亚相。水南组与龙旺庄组岩性为杂色、紫红色砾岩,紫色、灰色粉砂岩,夹紫色、紫红色、灰色砂质泥岩,紫红色泥岩。龙旺庄组上部为辫状河三角洲前缘亚相沉积,下部为辫状河三角洲平原亚相沉积;水南组为辫状河三角洲平原亚相、辫状河三角洲前缘亚相以及滨浅湖和半深湖亚相沉积(图 7-18)。

诸参 1 井单井剖面沉积相类型为辫状河三角洲相,包括辫状河三角洲平原和辫状河三角洲前缘两类亚相,岩性主要为砾岩、砂岩及泥岩。根据前人研究结果,诸城凹陷还发育河流相和冲积扇相。

(三) 胶莱盆地沉积相

根据野外实测剖面和单井剖面沉积相分析,选取 AA_1,BB_1,CC_1 以及 DD_1 剖面对胶莱盆地莱阳群沉积相进行分析(图 7-19~图 7-23),在沉积相分析基础上绘制了胶莱盆地莱阳群沉积相平面分布图(图 7-24)。

综上所述,胶莱盆地莱阳群沉积具有横向侧变的特点。由诸城凹陷—高密凹陷—莱阳凹陷,水南组与龙旺庄组岩性变化较大,粒度越来越细,也充分表明了这一特征。沉积相主要为河流相、湖泊相、三角洲相和冲积扇相四大类。半深湖—深湖相沉积主要见于莱阳凹陷和高密凹陷东部地区以及诸城凹陷西部。水南组发育深灰色、灰色、灰黑色泥岩,分布广泛且沉积厚度较大,表明这一阶段为胶莱盆地湖盆发育的鼎盛时期,依据沉积地层厚度推测,水南组沉积时期沉积中心应位于盆地南部的诸城凹陷和北部的莱阳凹陷内。

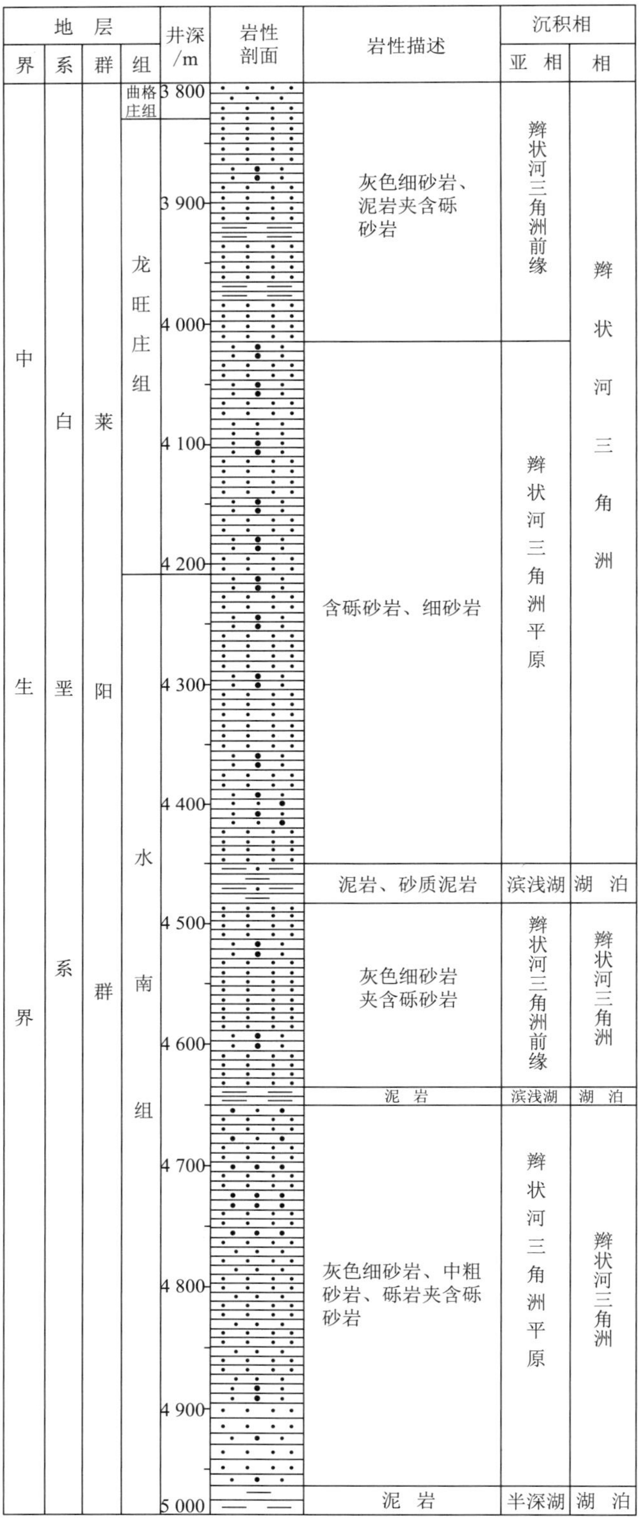

地层				井深/m	岩性剖面	岩性描述	沉积相	
界	系	群	组				亚相	相
中生界	白垩系	莱阳群	曲格庄组	3 800				
			龙旺庄组	3 900 — 4 000		灰色细砂岩、泥岩夹含砾砂岩	辫状河三角洲前缘	辫状河三角洲
			水南组	4 100 — 4 200 — 4 300 — 4 400		含砾砂岩、细砂岩	辫状河三角洲平原	
						泥岩、砂质泥岩	滨浅湖	湖泊
				4 500 — 4 600		灰色细砂岩夹含砾砂岩	辫状河三角洲前缘	辫状河三角洲
						泥岩	滨浅湖	湖泊
				4 700 — 4 800 — 4 900		灰色细砂岩、中粗砂岩、砾岩夹含砾砂岩	辫状河三角洲平原	辫状河三角洲
				5 000		泥岩	半深湖	湖泊

图 7-18 诸参 1 井单井剖面莱阳群沉积相分析图

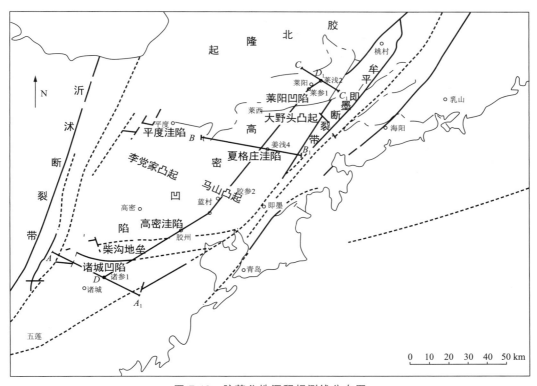

图 7-19　胶莱盆地沉积相测线分布图

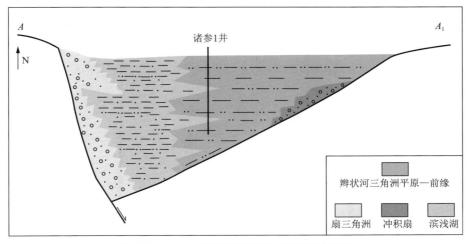

图 7-20　AA_1 剖面莱阳群沉积相剖面示意图

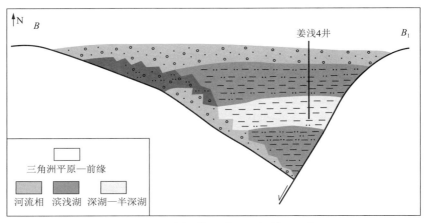

图 7-21 BB_1 剖面莱阳群沉积相剖面示意图

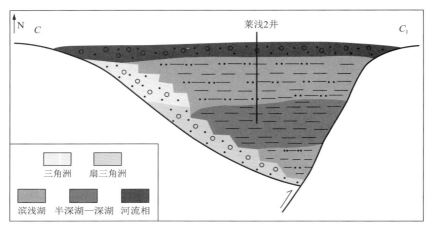

图 7-22 CC_1 剖面莱阳群沉积相剖面示意图

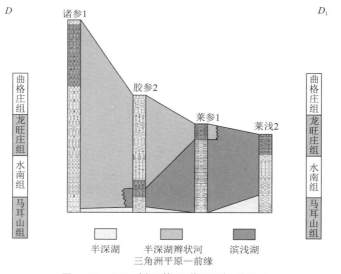

图 7-23 DD_1 剖面莱阳群沉积相对比图

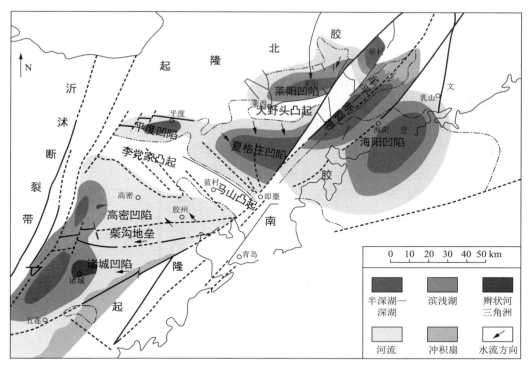

图 7-24　胶莱盆地莱阳群沉积相分布图

第二节　地质评价

一、泥页岩有机地球化学特征

　　泥页岩的好坏直接决定生烃的强度、烃源岩的丰富程度(即烃源岩供给条件)的优劣；而泥页岩的生烃能力取决于烃源岩的有机质类型、有机质丰度、热演化程度、厚度和分布面积等因素。一般来说,泥页岩有机质类型好、丰度高,则评价泥页岩的生烃潜力就大；热演化程度越高,则表明实际的生烃能力比潜在的生烃能力越大。因此,分析胶莱盆地烃源岩的特征对于盆地资源量的评价具有重要意义。通过前一节的论述可知,胶莱盆地暗色泥页岩主要分布于莱阳群的水南组及逍仙庄组。由于逍仙庄组暗色泥页岩分布范围局限、沉积厚度较小,所以主要对莱阳群水南组泥页岩的有机地球化学特征进行详细分析。

(一)暗色泥页岩分布

　　根据野外实测剖面、单井剖面以及前人研究结果分析表明,胶莱盆地莱阳群暗色泥页岩发育且分布广泛。莱阳凹陷和平度—姜山洼陷内暗色泥页岩最为发育,累积厚度可达

157

200 m;高密—诸城凹陷内,暗色泥岩分布局限且厚度较小,深湖—半深湖相不发育,主要以粗碎屑沉积为主;海阳凹陷由于其主体位于南黄海海域内,莱阳群出露不全,资料较少,推测其暗色泥页岩的最大厚度为150～200 m。

莱阳群各段中,水南组和道仙庄组暗色泥页岩最为发育,根据野外剖面以及钻井资料可知(表7-3),水南组分布范围和沉积厚度较大,岩性以灰黑色、灰色、深灰色泥页岩为主,共发育5层暗色泥页岩,连续分布性好,暗色泥页岩最小分层厚度为6 m,最大分层厚度为40 m。道仙庄组分布局限,仅在莱阳地区山前店道仙庄一带和诸城地区皇华店及五莲、高泽一带见地层出露,且沉积厚度小,发育2层泥页岩,分层厚度分别为12 m和20 m。

表 7-3　胶莱盆地暗色泥页岩厚度统计

剖面、钻井(孔)	暗色泥岩厚度/m	备　注
莱阳群标准剖面	168.2	实测数据
黄崖底	130.4	
前发坊—五处渡	148.5	据吴智平等,2004
莱浅1	60.0	
莱浅2	190.0	
莱参1	251.0	
莱孔2	78.8	
东石水头—大夼	155.6	
团旺剖面	43.5	
东北岩—岔里	77.6	
莱孔1	133.0	
莱孔3	76.0	
诸城皇华店剖面	27.1	
万第—凤城	99.8	

由图7-25可知,胶莱盆地各凹陷暗色泥页岩厚度存在较大差异,暗色泥页岩主要分布于莱阳凹陷和平度—夏格庄洼陷。在NE—SW方向上,由诸城凹陷向莱阳凹陷暗色泥页岩具有增厚的趋势。

(二) 有机质丰度

有机质丰度是指岩石中所含有机质的相对含量,是形成油气的物质基础,烃源岩有机质丰度的高低直接关系烃源岩的生烃能力。有机质丰度的评价标准主要有有机碳含量(TOC)、总烃含量(HC)、有机质热解生烃潜力(S_1+S_2)和氯仿沥青"A"含量。

本次选取24个样品进行有机碳含量的测定,并对其中的19个样品进行岩石热解分析。有机碳含量测定的样品分别为:莱阳凹陷标准剖面16个、山前店剖面4个、黄崖底剖面4个(图7-26)。岩石热解分析的样品分别为莱阳凹陷标准剖面13个、山前店剖面3个、黄崖底剖面3个。由岩石热演化分析结果(表7-4)可知,(S_1+S_2)>0.5mg/g的有

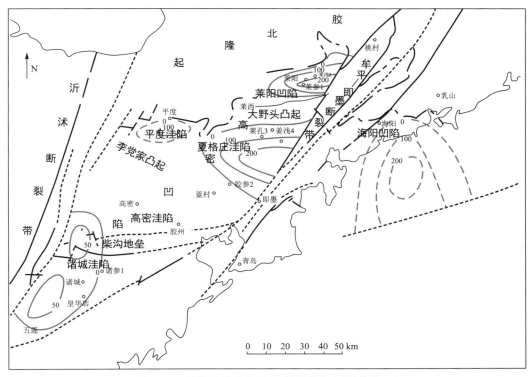

图 7-25　胶莱盆地暗色泥页岩厚度分布图(单位:m)

7 块,$(S_1+S_2)<0.5$ mg/g 的有 12 块,其中,绝大多数样品的 S_2 较小,可能是由样品受地表风化氧化造成的。由有机碳含量分析结果(表 7-5)可知,烃源岩 $TOC>1.0\%$ 的有 4 个,介于 $0.6\%\sim1.0\%$ 之间的有 4 个,介于 $0.4\%\sim0.6\%$ 之间的有 4 个;小于 0.4% 的有 12 个;有机碳含量变化较大,$TOC<0.4\%$ 的较多,可能是由烃源岩热演化程度较高所导致。

　　陆克政(1994)对胶莱盆地烃源岩有机质丰度的研究表明,诸城皇华店地区 TOC 较低,多数为 $0.30\%\sim0.35\%$,龙旺庄剖面内的 19 个样品中,有 17 块 $TOC>0.4\%$。胜利油田地质院(2000)对胶莱盆地烃源岩有机质丰度的研究显示,莱浅 2 井烃源岩 TOC 较高,介于 $0.896\%\sim2.676\%$ 之间;莱浅 1 井烃源岩 TOC 相对较低,为 $0.36\%\sim0.61\%$;野外露头剖面地层中烃源岩 TOC 为 $0.36\%\sim1.45\%$。刘华等(2006)对莱孔 2 井样品进行岩石热解分析表明,好或较好烃源岩 35 块,占 65%,较差烃源岩 2 块,占 4%。

　　综上所述,莱阳凹陷莱阳群野外露头泥页岩样品实测数据显示,莱阳群水南组生烃潜力较道仙庄组和龙旺庄组高。其中,莱阳凹陷道仙庄组泥页岩生烃潜力 $0.14\sim0.16$ mg/g,水南组泥页岩生烃潜力 $0.13\sim6.89$ mg/g,龙旺庄组泥页岩生烃潜力 0.23 mg/g。由于区内钻井岩石样品的生烃潜力明显好于露头剖面样品的生烃潜力,所以对于研究区有机质丰度的评价可选择 TOC 作为评价指标。

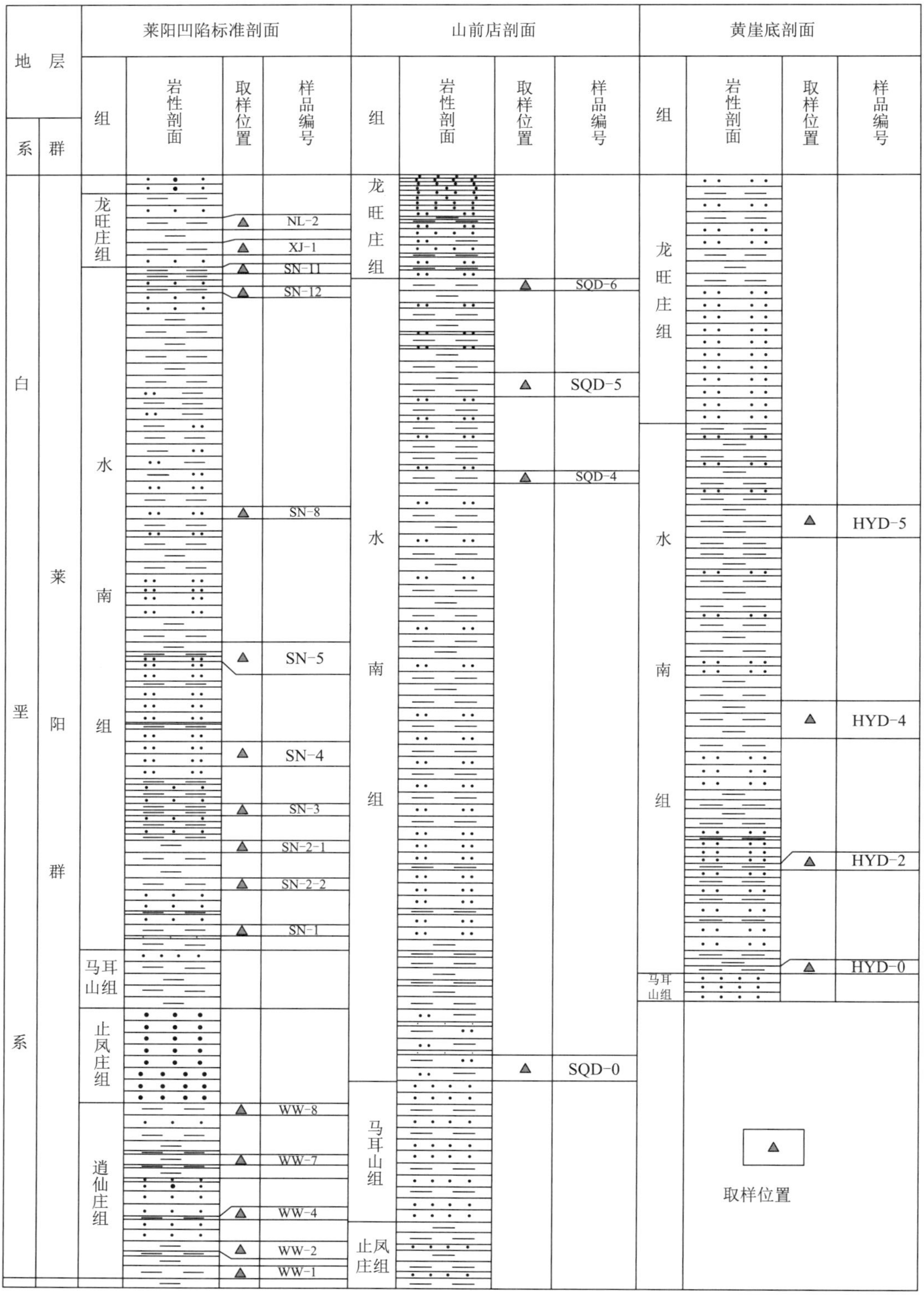

地层			莱阳凹陷标准剖面			山前店剖面			黄崖底剖面		
系	群	组	岩性剖面	取样位置	样品编号	组	岩性剖面	取样位置	组	岩性剖面	取样位置	样品编号

图 7-26　胶莱盆地莱阳凹陷 *TOC* 样品取样位置图

160

表 7-4　胶莱盆地莱阳凹陷泥页岩热解分析结果

样品编号	原始编号	层位	岩性	S_0 /(mg·g^{-1})	S_1 /(mg·g^{-1})	S_2 /(mg·g^{-1})	(S_1+S_2) /(mg·g^{-1})	T_{max} /℃
Y2013-079-001	WW-1	K_1lx	浅灰色钙质页岩	0.02	0.05	0.11	0.16	535
Y2013-079-003	WW-4	K_1lx	深灰色钙质页岩	0.02	0.05	0.11	0.16	535
Y2013-079-004	WW-7	K_1lx	浅灰色钙质页岩	0.02	0.04	0.10	0.14	540
Y2013-079-005	WW-8	K_1lx	浅灰色钙质页岩	0.02	0.05	0.11	0.16	531
Y2013-079-006	SN-1	K_1ls	深灰色钙质页岩	0.02	0.08	0.26	0.34	453
Y2013-079-007	SN-2-1	K_1ls	深灰色页岩	0.02	0.09	0.16	0.25	448
Y2013-079-008	SN-2-2	K_1ls	深灰色泥页岩	0.02	0.21	2.41	2.62	451
Y2013-079-009	SN-3	K_1ls	灰黑色页岩	0.02	0.15	0.29	0.44	439
Y2013-079-010	SN-4	K_1ls	深灰色页岩	0.02	0.11	0.16	0.27	444
Y2013-079-011	SN-5	K_1ls	灰黑色页岩	0.02	0.74	3.05	3.79	450
Y2013-079-012	SN-8	K_1ls	深灰色页岩	0.03	0.21	3.84	4.05	446
Y2013-079-014	SN-12	K_1ls	灰黑色泥岩	0.03	0.33	2.72	3.05	441
Y2013-079-015	XJ-1	K_1ll	深灰色泥岩	0.02	0.06	0.17	0.23	451
Y2013-079-017	SQD-0	K_1ls	深灰色粉砂质泥岩	0.02	0.04	0.09	0.13	359
Y2013-079-018	SQD-4	K_1ls	灰色泥岩	0.02	0.04	0.09	0.13	441
Y2013-079-019	SQD-5	K_1ls	灰黑色页岩	0.02	0.04	0.09	0.13	540
Y2013-079-021	HYD-0	K_1ls	浅灰色泥岩	0.02	0.11	2.91	3.02	443
Y2013-079-023	HYD-4	K_1ls	灰色泥岩	0.02	0.34	6.55	6.89	446
Y2013-079-024	HYD-5	K_1ls	浅灰色泥岩	0.03	0.09	1.23	1.32	446

表 7-5　胶莱盆地莱阳群泥页岩有机碳含量表

样品编号	野外编号	层位	取样地	岩性	TOC/%	备注
Y2013-079-001	WW-1	K_1lx	瓦屋夼村东	页岩	0.23	
Y2013-079-002	WW-2	K_1lx	瓦屋夼村东	页岩	0.19	
Y2013-079-003	WW-4	K_1lx	瓦屋夼村东	页岩	0.46	
Y2013-079-004	WW-7	K_1lx	瓦屋夼村东	页岩	0.28	
Y2013-079-005	WW-8	K_1lx	瓦屋夼村东	页岩	0.42	
Y2013-079-006	SN-1	K_1ls	水南村东	泥岩	0.42	
Y2013-079-007	SN-2-1	K_1ls	水南村东	页岩	0.29	
Y2013-079-008	SN-2-2	K_1ls	水南村东	泥页岩	0.86	
Y2013-079-009	SN-3	K_1ls	水南村东	页岩	0.46	
Y2013-079-010	SN-4	K_1ls	水南村东	页岩	0.23	
Y2013-079-011	SN-5	K_1ls	水南村东	页岩	1.12	

样品编号	野外编号	层 位	取样地	岩 性	TOC/%	备 注
Y2013-079-012	SN-8	K₁ls	水南村东	页 岩	1.49	
Y2013-079-013	SN-11	K₁ls	水南村东	泥 岩	0.20	
Y2013-079-014	SN-12	K₁ls	水南村东	泥 岩	0.98	
Y2013-079-015	XJ-1	K₁ll	溪聚村南	泥 岩	0.70	
Y2013-079-016	NL-2	K₁ll	南龙旺庄村南	泥 岩	0.11	
Y2013-079-017	SQD-0	K₁ls	山前店村南	粉砂质泥岩	0.18	
Y2013-079-018	SQD-4	K₁ls	山前店村南	泥 岩	0.14	
Y2013-079-019	SQD-5	K₁ls	山前店村南	页 岩	0.22	
Y2013-079-020	SQD-6	K₁ls	山前店村南	页 岩	0.25	
Y2013-079-021	HYD-0	K₁ls	黄崖底村东南	泥 岩	1.05	
Y2013-079-022	HYD-2	K₁ls	黄崖底村东南	泥 岩	0.13	
Y2013-079-023	HYD-4	K₁ls	黄崖底村东南	泥 岩	1.69	
Y2013-079-024	HYD-5	K₁ls	黄崖底村东南	泥 岩	0.88	
莱浅 2 井			7.8 m 处	灰色泥岩	1.406	据胜利油田地质院,2000
			10 m 处	灰色泥岩	2.676	
			12.6 m 处	深灰色泥岩	0.896	
高密凹陷			姜 瞳		0.36	
诸城凹陷			皇华店		0.30	据陆克政,1994
					0.35	
					0.31	
海阳凹陷			郭 城		0.51	
					0.60	

根据实测数据和前人研究资料绘制了研究区 TOC 分布图(图 7-27)。由图可知,胶莱盆地莱阳凹陷、平度—夏格庄凹陷莱阳群泥页岩 TOC 相对较高,诸城—高密凹陷 TOC 较低,为 0.30%~0.36%,海阳—高密凹陷 TOC 为 0.51%~0.60%。其中,莱阳凹陷莱阳群水南组 TOC 相对较高,但变化范围较大,最小值 0.14%,最大值可达 2.676%;道仙庄组 TOC 较低,为 0.19%~0.46%,其可能是由盆地有机质成熟度较高所致(由表 7-4 可知,道仙庄组样品 T_{max} 值较其他样品高,为 531~540 ℃);龙旺庄组泥页岩野外样品 TOC 值分别为 0.11%和 0.70%。从横向分布来看,盆地内莱阳凹陷和平度—夏格庄凹陷的烃源岩有机质丰度较其他地区好;纵向上,莱阳群水南组泥页岩有机质丰度较其他各段好。

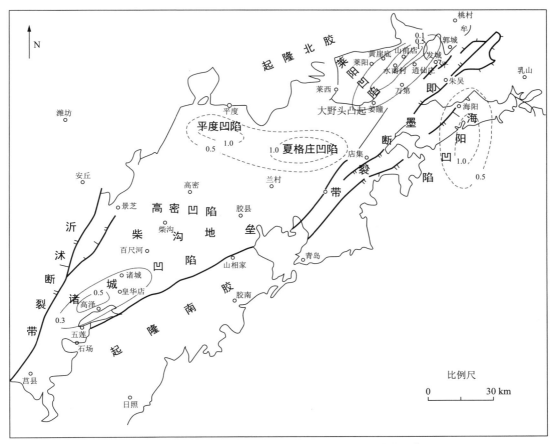

图 7-27　胶莱盆地莱阳群泥页岩 *TOC* 分布图(单位:%)

(三) 有机质类型

有机质的类型和生烃潜力密不可分,是评价烃源岩生油能力的重要指标之一。沉积物(岩)中的有机质经历各种复杂的生物化学变化,通过腐泥化及腐殖化过程形成干酪根,干酪根占沉积物(岩)中总有机质的 80%~90%。不同类型的干酪根具有不同的生烃潜力,因此正确判别干酪根类型在烃源岩评价中至关重要。有机质分类有多种标准(表 7-6)。目前,通常将有机质划分为腐泥型(Ⅰ)、腐殖腐泥型(Ⅱ$_1$)、腐泥腐殖型(Ⅱ$_2$)和腐殖型(Ⅲ)4 种类型。

表 7-6　干酪根类型分类标准(据吴智平等,2004)

指　标	类　型			
	腐泥型(Ⅰ)	腐殖腐泥型(Ⅱ$_1$)	腐泥腐殖型(Ⅱ$_2$)	腐殖型(Ⅲ)
类型指数(TI)	>80	40~80	0~40	<0
$I_H/(\mathrm{mg \cdot g^{-1}})$	>600	250~600	120~250	<120
H/C	>1.5	1.0~1.5	0.8~1.0	<0.8

指　标	类　型			
	腐泥型（Ⅰ）	腐殖腐泥型（Ⅱ₁）	腐泥腐殖型（Ⅱ₂）	腐殖型（Ⅲ）
饱和烃/芳香烃	＞3.0	1.6～3.0	1.0～1.6	＜1.0
饱和烃含量/%	40～60	20～40		＜20
芳香烃含量/%	10～15	15～20		20 左右
（非烃＋沥青质）含量/%	30～40	40～60		60～70
产油气性质	生　油	生油为主	生油气	生气为主

对胶莱盆地 19 个泥页岩样品的干酪根类型进行分析（表 7-7），其中，莱阳凹陷标准剖面 13 个，包括逍仙庄组 4 个、水南组 8 个、龙旺庄组 1 个；山前店剖面水南组 3 个；黄崖底剖面水南组 3 个。根据显微镜下特征，煤岩学者将煤的有机显微组分划分为壳质组、镜质组和惰质组三大类；油气有机地球化学工作者将干酪根显微组分划分为类脂组（即腐泥组）、壳质组、镜质组和惰质组。通常在透射光和荧光下，对各显微组分进行鉴定和相对含量的统计，运用式（7-1）可计算出类型指数（TI），从而对有机质类型进行判断。

$$TI = \frac{腐泥组含量 \times 100 + 壳质组含量 \times 50 - 镜质组含量 \times 75 - 惰质组含量 \times 100}{100}$$

(7-1)

表 7-7　胶莱盆地泥页岩显微组分分析表

样品编号	取样地	层　位	腐泥组含量/%	壳质组含量/%	镜质组含量/%	惰质组含量/%	类　型	类型指数	备　注
Y2013-079-001	瓦屋夼村东	K₁lx	55	0	18	27	Ⅱ₂	14.50	
Y2013-079-003	瓦屋夼村东	K₁lx	48	0	30	22	Ⅱ₂	3.50	
Y2013-079-004	瓦屋夼村东	K₁lx	52	0	20	28	Ⅱ₂	9.00	
Y2013-079-005	瓦屋夼村东	K₁lx	68	0	12	20	Ⅱ₂	39.00	
Y2013-079-006	水南村东	K₁ls	46	0	15	39	Ⅲ	−4.25	
Y2013-079-007	水南村东	K₁ls	69	0	8	23	Ⅱ₂	40.00	
Y2013-079-008	水南村东	K₁ls	40	0	15	45	Ⅲ	−16.25	
Y2013-079-009	水南村东	K₁ls	50	0	12	38	Ⅱ₂	3.00	
Y2013-079-010	水南村东	K₁ls	69	0	10	21	Ⅱ₁	40.50	
Y2013-079-011	水南村东	K₁ls	70	0	18	12	Ⅱ₁	44.50	
Y2013-079-012	水南村东	K₁ls	72	0	8	20	Ⅱ₁	46.00	
Y2013-079-014	水南村东	K₁ls	55	0	33	12	Ⅱ₂	18.25	
Y2013-079-015	溪聚村南	K₁ll	62	0	8	30	Ⅱ₂	26.00	
Y2013-079-017	山前店村南	K₁ls	60	0	5	35	Ⅱ₂	21.25	

样品编号	取样地	层位	腐泥组含量/%	壳质组含量/%	镜质组含量/%	惰质组含量/%	类型	类型指数	备注
Y2013-079-018	山前店村南	K_1ls	68	0	3	29	II$_2$	36.75	
Y2013-079-019	山前店村南	K_1ls	71	0	6	23	II$_1$	43.50	
Y2013-079-021	黄崖底村东南	K_1ls	80	0	8	12	II$_1$	62.00	
Y2013-079-023	黄崖底村东南	K_1ls	82	0	8	10	II$_1$	66.00	
Y2013-079-024	黄崖底村东南	K_1ls	62	0	12	26	II$_2$	27.00	
莱浅 1 井	11.5 m 处	K_1ls	56.3	0	43.7	0	II$_2$	23.6	据翟慎德等,2003
	12.5 m 处		91.3	0	8.7	0	I	84.8	
	18.9 m 处		7.3	0	92.7	0	III	−62.2	
ZC2-6	高密—诸城凹陷	K_1ls	56.0	0	44.0	0	II$_2$	23.0	据刘华等,2006
ZC2-15			98.3	0	1.7	0	I	97.1	
ZC3-26			27.7	0	72.3	0	III	−26.6	
ZC3-33			86.3	0	13.7	0	II$_1$	76.1	
ZC3-37			20.3	0	79.7	0	III	−39.4	
ZC3-46			39.3	0	60.7	0	III	−6.2	

通过式(7-1)计算可知,莱阳凹陷道仙庄组泥页岩样品类型指数为 3.50～39.00,有机质类型为 II$_2$ 型;水南组泥页岩样品类型指数为 −62.2～84.8,有机质类型为 I,II$_1$,II$_2$ 和 III 型 4 种,以 II 和 III 型为主(表 7-7)。刘华等(2006)对诸城—高密凹陷泥页岩有机质类型研究表明,诸城—高密凹陷有机质类型以 III 型为主。

由于各显微组分是不同生物来源有机组分在沉积物和沉积岩中转化的结果,其镜下特征(图 7-28～图 7-30)不同,如腐泥组在镜下团粒状结构明显,而惰质组在显微镜透射光下一般表现为黑色不透明。因此,可根据显微组分的组成反映不同生物对沉积岩中有机质的贡献。由表 7-6 可知,胶莱盆地干酪根显微组分主要为腐泥组、镜质组与惰质组,其中腐泥组含量最高。

1. 腐泥组

腐泥组属于内源组分,具有高的生烃潜力,包括无定型和藻质体两类,常可见降解不完全的团粒状结构。无定型为水生生物和藻类遗体在还原环境下经腐泥化作用形成的产物,多呈棉絮状或云雾状;藻质体主要生物来源为藻类。透射光-荧光干酪根显微组分鉴定结果显示,暗色泥页岩以腐泥组为主,泥页岩腐泥组含量较高,为 40%～82%,镜下团粒状结构明显。研究表明莱阳凹陷内的主要生烃母质为腐泥组分。

2. 镜质组与惰质组

镜质组是干酪根中主要的显微组分之一,为总量的 4%～30%,主要由高等植物的木质纤维组织经过腐殖凝胶化作用后,形成以腐殖酸和沥青质为主要成分的凝胶化物质,再经煤化作用而成,属于外源组分。本次所分析的 19 块样品,干酪根镜质组含量为 3%～33%。惰质组是由高等植物的木质纤维组织经丝煤化作用后形成的显微组分,在显微镜透射光下一般为黑色不透明。此次分析的 19 块样品中惰质组含量为 10%～45%。

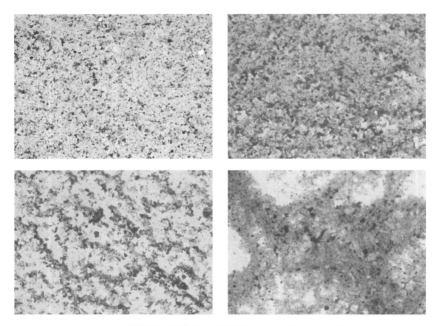

图 7-28 莱阳凹陷逍仙庄组干酪根显微组分镜鉴照片

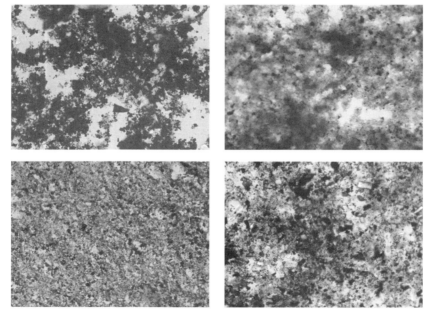

图 7-29 莱阳凹陷水南组干酪根显微组分镜鉴照片

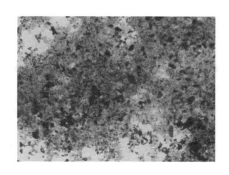

图 7-30　莱阳凹陷龙旺庄组干酪根显微组分镜鉴照片

由胶莱盆地内干酪根显微组分可知,莱阳凹陷泥页岩有机质的主要贡献者为藻类及水生生物,其次为高等植物。

刘华等(2006)通过胶莱盆地的泥页岩有机质类型研究认为,莱阳凹陷内泥页岩有机质类型以Ⅰ和Ⅱ₂为主,形成于强还原沉积环境中,母质来源为低等水生藻类,混杂有陆源高等植物;平度—夏格庄凹陷生油母质类型可能以Ⅰ和Ⅱ₁型为主,形成于较高盐度的还原环境中,母质来源以低等水生生物和原生生物为主,高等植物对有机质的贡献较小;高密—诸城凹陷中的泥页岩既有腐泥型,又有腐殖型,有机质来源既有低等植物,也有高等植物。

综上所述,胶莱盆地内泥页岩有机质类型多样,包括Ⅰ,Ⅱ₁,Ⅱ₂和Ⅲ型4种类型(图7-31)。其中,莱阳凹陷泥页岩有机质类型以Ⅰ和Ⅱ₂型为主,从各段情况来看,水南组泥页岩有机质类型以Ⅱ和Ⅲ型为主,龙旺庄泥页岩有机质类型以Ⅱ₂型为主,逍仙庄组泥页岩有机质类型以Ⅱ₂型为主;平度—夏格庄凹陷泥页岩有机质类型以Ⅰ和Ⅱ₁型为主;诸城凹陷泥页岩有机质类型以Ⅲ型为主。通过干酪根显微组分研究可知,莱阳凹陷干酪根显微组分

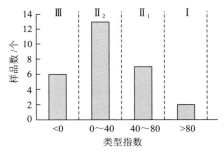

图 7-31　胶莱盆地莱阳群
泥页岩有机质分类图

以腐泥组分为主,含量为40%～82%,其次为惰质组分,含量为10%～45%,有机质的主要贡献者为藻类及水生生物,其次为高等植物。就各段而言,水南组干酪根显微组分以腐泥组分为主,含量为46%～82%,惰质组含量为10%～45%;龙旺庄组干酪根显微组分以腐泥组分为主,含量为62%,惰质组含量为30%;逍仙庄组干酪根显微组分同样以腐泥组为主,含量为48%～68%,惰质组含量为20%～28%。

(四) 热演化程度

有机质热演化阶段的判别是区域油气远景评价的主要依据之一。Jarvie(2004)通过研究绘制了烃源岩成熟度与页岩产气率的曲线(图7-32)。由关系图可知,随着源岩成熟度的提高,页岩产气率降低。目前用于有机质热演化研究的指标很多,常见的有机质成熟

度指标分为三大类：① 以有机组分的光学性质为基础，如镜质体反射率（R_o）、孢粉颜色以及热变指数（TAI）等；② 以有机组分的化学组成为基础，如热解分析的最高热解峰温（T_{max}）等；③ 有机质结构成熟度指标，如干酪根的自由基浓度、激光拉曼光谱指标等。本书主要选用镜质体反射率、最高热解峰温作为分析烃源岩热演化特征的依据，并结合专家学者对我国其他地区烃源岩的研究成果，确定了胶莱盆地烃源岩有机质热演化阶段的划分标准：$R_o = 0.5\%$ 是生油门限；$R_o < 0.5\%$ 时干酪根处于未成熟阶段；$0.5\% < R_o < 0.8\%$ 时为低成熟阶段；$0.8\% < R_o < 1.3\%$ 时为成熟阶段；$1.3\% < R_o < 2.0\%$ 时为高成熟阶段；$R_o > 2.0\%$ 时为过成熟阶段。

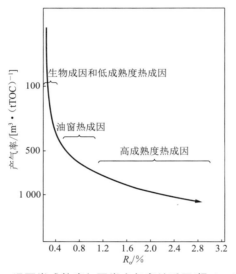

图 7-32　泥页岩成熟度与页岩产气率关系图（据 Jarvie，2004）

1. 镜质体反射率（R_o）

镜质体是高等植物木质素经过生物化学降解、凝胶化作用而形成的凝胶体，在受热过程中随温度的上升其芳构化程度和芳环缩聚程度逐渐增大，且缩合芳环排列的定向性和有序程度增强，这使得镜质体的光学性质发生相应变化，表现为镜质体反射率逐渐增高，且具有不可逆性。就地质样品而言，在地温场的作用下，其经历的埋深越大，镜质体反射率越大。因而在石油地质学研究中，人们常用镜质体反射率来分析热史演化及烃源岩的成熟度。就不同类型的有机质类型而言，用镜质体反射率作为划分源岩热演化阶段的标准略有不同，通常是Ⅰ和Ⅲ型有机质稍高于Ⅱ型。

通过对胶莱盆地 18 块样品镜质体反射率的测定（表 7-8），结合前人研究数据对胶莱盆地泥页岩的有机质成熟度进行了划分（图 7-33）。由图 7-33 和表 7-8 可知，胶莱盆地莱阳群泥页岩成熟度较高，其中，莱阳凹陷莱阳群道仙庄组 R_o 为 $0.85\% \sim 1.21\%$，龙旺庄组 R_o 为 1.10%，水南组 R_o 为 $0.50\% \sim 2.22\%$；陆克政等（1994）通过取样分析发现，海阳凹陷 R_o 在 2.7% 以上。

表 7-8　胶莱盆地泥页岩镜质体反射率分析结果

样品编号	取样地点	原始编号	层　位	岩　性	测点数	R_o/%	备　注
Y2013-079-001	瓦屋夼村东	WW-1	K_1lx	钙质页岩	6	0.85	
Y2013-079-003	瓦屋夼村东	WW-4	K_1lx	钙质页岩	15	1.17	
Y2013-079-004	瓦屋夼村东	WW-7	K_1lx	钙质页岩	10	1.08	
Y2013-079-005	瓦屋夼村东	WW-8	K_1lx	钙质页岩	13	1.21	
Y2013-079-006	水南村东	SN-1	K_1ls	钙质泥岩	20	1.28	
Y2013-079-007	水南村东	SN-2-1	K_1ls	页　岩	20	1.01	
Y2013-079-008	水南村东	SN-2-2	K_1ls	泥页岩	20	1.14	
Y2013-079-009	水南村东	SN-3	K_1ls	页　岩	21	1.17	
Y2013-079-010	水南村东	SN-4	K_1ls	页　岩	20	0.94	
Y2013-079-011	水南村东	SN-5	K_1ls	页　岩	21	0.94	
Y2013-079-012	水南村东	SN-8	K_1ls	页　岩	21	0.50	
Y2013-079-014	水南村东	SN-12	K_1ls	泥　岩	10	0.58	
Y2013-079-015	溪聚村南	XJ-1	K_1ll	泥　岩	20	1.10	
Y2013-079-017	山前店村南	SQD-0	K_1ls	粉砂质泥岩	23	1.80	
Y2013-079-018	山前店村南	SQD-4	K_1ls	泥　岩	14	2.22	
Y2013-079-019	山前店村南	SQD-5	K_1ls	页　岩	23	2.06	
Y2013-079-021	黄崖底村东南	HYD-0	K_1ls	泥　岩	10	0.84	
Y2013-079-023	黄崖底村东南	HYD-4	K_1ls	泥　岩	3	0.76	
莱阳凹陷	水南村					0.71	据翟慎德等,2003
						0.74	
						0.83	
						0.76	
						0.86	
诸城凹陷	皇华店					1.53	据陆克政,1994
						1.35	
海阳凹陷	郭　城					2.895	
						2.73	
高密凹陷	姜　瞳					0.78	据胜利油田地质院,2000

2. 岩石热解最高峰温(T_{max})

岩石热解最高峰温为干酪根的最大裂解温度,即热解 P_2 峰的最高峰温,是烃源岩样品热解产烃达到最高峰时所对应的温度。研究表明,热解最高峰温与成熟度成正相关关系。在测试过程中,如果样品有机碳含量低,测定最高热解峰温较困难;此外,当 S_2 值

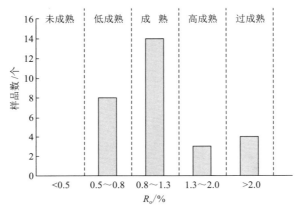

图 7-33 胶莱盆地莱阳群泥页岩有机质成熟度分类图

很小时,会给最高热解峰温的取值带来较大误差,因而在用 T_{max} 讨论样品的成熟度时,应选用 $S_2>0.1$ mg/g 的样品。本次对莱阳凹陷的 19 块样品进行了 T_{max} 的测定(表 7-4),其中有 3 块样品 $S_2<0.1$ mg/g,其余 16 块样品中,莱阳凹陷莱阳群逍仙庄组热演化程度较高,T_{max} 值较高,为 531~540 ℃;水南组热演化程度适中,T_{max} 值绝大部分为 359~453 ℃,仅有 1 块样品 $T_{max}>490$ ℃。前人对于平度—夏格庄凹陷的 5 块样品以及高密—诸城凹陷的 10 块样品进行了 T_{max} 的测定,由图 7-34~图 7-36 可知,莱阳凹陷和平度—夏格庄凹陷烃源岩大多数处于成熟阶段,与镜质体反射率反映的成熟度一致;但高密—诸城凹陷烃源岩多数处于过成熟阶段,与镜质体反射率反映的成熟度截然相反,推测产生这种结果可能是由于当 S_2 值较小时,会给最高热解峰温的取值带来较大误差,使得本实验数据明显偏大。

李金良(2006)、李金良等(2007)曾按镜质体反射率的大小将胶莱盆地分为 4 个带:朱吴—青岛断裂以东海阳凹陷,有机质热演化程度很高($R_o>1.5\%$);诸城凹陷南缘,镜质体反射率为 $1.1\%~1.5\%$;中楼—石场凹陷东部边缘,镜质体反射率接近 1.5%;沿牟平—即墨断裂带靠近北端郭城和万第一带,镜质体反射率 $R_o>1.0\%$,向南至黄崖底一带,镜质体反射率 $R_o<1.0\%$。但此类划分方法不能很好地反映各区内不同地带的有机质热演化程度。因而,我们利用实测数据以及前人研究成果绘制了有机质成熟度分布图(图 7-37)。

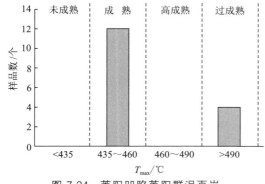

图 7-34 莱阳凹陷莱阳群泥页岩
热解最高峰温直方图

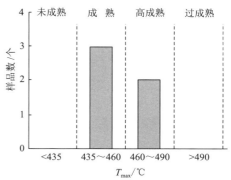

图 7-35 平度—夏格庄凹陷莱孔 3 井岩石
热解最高峰温直方图(据吴智平等,2004)

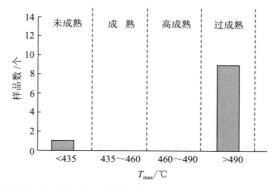

图 7-36　高密—诸城凹陷泥页岩露头样品岩石热解最高峰温直方图(据吴智平等,2004)

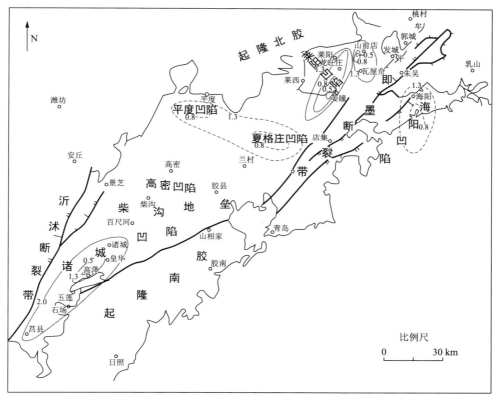

图 7-37　胶莱盆地莱阳群有机质成熟度分布图

　　综上所述,胶莱盆地莱阳群热演化成熟度较好,其中海阳凹陷和诸城—高密莱阳群泥页岩成熟度较莱阳凹陷和平度—夏格庄凹陷高。莱阳凹陷莱阳群逍仙庄组泥页岩 R_o 为 $0.85\% \sim 1.21\%$,平均为 1.08%,龙旺庄组泥页岩 R_o 为 1.10%,水南组泥页岩 R_o 为 $0.50\% \sim 2.22\%$,平均为 1.13%。通过泥页岩热解分析可知,莱阳凹陷莱阳群逍仙庄组热演化程度较高,T_{max} 值为 $531 \sim 540$ ℃;水南组热演化程度适中,T_{max} 值绝大部分为 $359 \sim 453$ ℃,仅有 1 块样品 T_{max} 值大于 490 ℃。由 T_{max} 表现出的热演化成熟度与 R_o 表现出的热演化成熟度存在一定的差异,推测可能是由于部分样品 S_2 值较小所造成的。

二、泥页岩储集空间

通过胶莱盆地莱阳群露头、岩芯观察与描述、显微镜下的普通薄片以及扫描电镜分析,结合储集空间成因和结构特征,将莱阳群页岩储层中的储集空间分为裂缝和孔隙两大类,其中裂缝包括沉积成岩裂缝和构造裂缝,具体划分方案见表 7-9;孔隙包括粒内孔隙和粒间孔隙两类,主要受沉积作用和成岩作用控制,具体划分方案见表 7-10。

表 7-9　胶莱盆地白垩系莱阳群页岩裂缝分类和影响因素

影响因素	裂缝分类
构造作用	断层型裂缝
成岩作用	成岩收缩缝
	溶蚀缝
	层间页理缝

表 7-10　胶莱盆地白垩系莱阳群页岩孔隙分类和影响因素

影响因素	孔隙分类	
沉积作用 成岩作用	粒间孔隙	颗粒间孔隙
		黏土矿物晶间孔隙
	粒内孔隙	黄铁矿晶间孔隙
		颗粒内孔隙
		有机质孔隙

(一) 裂　缝

通过野外露头、岩芯、薄片观察分析,胶莱盆地莱阳群储层裂缝可分为构造作用形成的断层型裂缝和成岩过程中产生的页理缝、收缩缝、溶蚀缝。

1. 构造裂缝

胶莱盆地莱阳群储层由于压实、压溶、胶结作用强烈,岩石比较致密,脆性程度增大,在后期古构造应力场的作用下容易产生构造裂缝(图 7-38)。通过野外露头和岩芯裂缝观察,根据裂缝面的错断特征及其与沉积微层理面的关系,胶莱盆地莱阳群储层中可识别出断层型裂缝。

断层型裂缝主要表现为剪切裂缝,在岩芯或地表露头上观察,沿破裂面两侧有微小的错动位移,可见擦痕或阶步。断层型裂缝发育规模相对较大,而裂缝密度相对较小。

图 7-38　莱阳凹陷水南组构造裂缝特征(位于水南村东)

2. 成岩裂缝

成岩裂缝是指岩层在成岩过程中由于压实和压溶等地质作用而产生的裂缝,包括顺微层理面发育的层间页理缝(图 7-39)、溶蚀缝和矿物收缩缝。

通过岩芯观察,在一些砂泥岩的岩性界面上,尤其是在泥质岩类中,发育顺微层面分布的裂缝,称为层理缝。层理缝具有顺层理面弯曲、断续、分枝、尖灭的分布特点。

由于泥岩不同纹层间矿物成分或者矿物颗粒排列方向差异,沿纹理面差异性溶蚀使原生裂缝扩大或者形成新的裂缝。此种裂缝在互层状灰质泥岩中分布广泛,多平行于岩层分布。

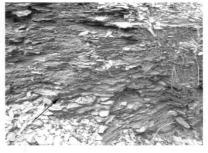

图 7-39　莱阳凹陷水南组页理缝特征(位于山前店村南)

泥岩在成岩过程中发生脱水收缩或者矿物的相变造成岩石体积减小,形成收缩缝(图 7-40a)。此种裂缝在泥岩中常见。

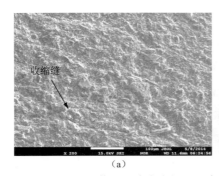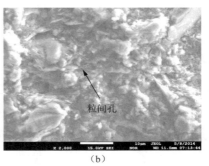

（a）　　　　　　　　　　　　　　　（b）

图 7-40　莱阳凹陷水南组泥页岩电镜扫描图(位于黄崖底村东南)

(二) 孔　隙

孔隙是指储层中能够储存流体的空间,按照孔隙存在的位置可分为粒间孔隙(图7-40b)和粒内孔隙。受成岩作用的影响,大部分孔隙为次生孔隙,仅部分粒间孔隙为原生孔隙,受沉积作用的影响。

胶莱盆地粒间孔隙发育颗粒间孔隙和黏土矿物晶间孔隙(图7-41)。颗粒间孔隙发育在石英、长石及岩屑含量较高的岩层中,多为原生孔隙。黏土矿物层间也存在丰富的孔隙,多为在成岩过程中黏土矿物相变形成,为次生孔隙。

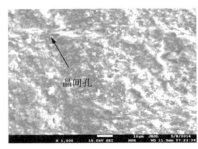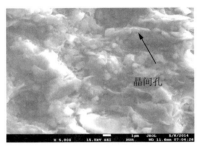

图 7-41　莱阳凹陷水南组泥页岩黏土矿物晶间孔(位于黄崖底村东南)

三、有利区块预测

目前,美国页岩气勘探开发已进入高速发展时期,五大页岩气盆地开采区中,页岩 TOC 为 $0.3\% \sim 25.0\%$, R_o 为 $0.4\% \sim 3.0\%$,埋藏深度为 $180 \sim 3\,660$ m,页岩厚度为 $30 \sim 570$ m,有效厚度为 $10 \sim 90$ m。美国页岩气产于海相地层中,经过几十年的页岩气勘探与开发,逐渐建立了利用页岩储层特征、资源分布情况和页岩气地质条件对页岩气评价的方法,提出页岩气藏要达到具有商业开发的价值需满足以下条件:① 页岩气有机碳含量大于 2%;② 热成熟度 R_o 大于 1%,但需小于 2.1%(成熟度大于 2.1% 时,页岩气会遭受破坏,二氧化碳含量增加);③ 页岩气地层需具有一定的分布范围(延伸面积下限取决于页岩厚度);④ 页岩地层抬升期早于排烃期;⑤ 有机质转化率大于 80%;⑥ $T_{\max}$ 大于 450 ℃。

我国对页岩的勘探开发日益重视,近年来开展了大量页岩气富集成藏机理及评价方面的研究,成果显著。黄锐和张新华(2014)以川西须家河组五段为例对陆相页岩气评价标准进行探讨,并制定了陆相页岩评价的标准(表7-11)。罗鹏和吉利明(2013)在总结我国主要陆相页岩气勘查评价成果和参照北美海相页岩储层评价标准基础上认为,陆相页岩储层评价标准最低下限为: $TOC > 2.0\%$, $R_o > 0.9\%$,脆性矿物含量大于 40%,有效厚度 > 30 m。李延钧等(2013)研究龙马溪组页岩气时,认为 $TOC > 1.0\%$ 可作为该区页岩气有机碳评价指标的下限;利用孔隙度和 TOC 关系确定充气孔隙度下限为 1.2%;页岩单层厚度应大于 30 m,同时还应包含至少 15 m 厚的优质页岩才能满足生烃量。杨阳等

(2012)将鄂尔多斯盆地延长组长 7 油层组张家滩页岩累积厚度达到 30 m 以上,R_o>0.9%的区域作为页岩气最有利勘探区域。

表 7-11　陆相页岩储层评价表

评价标准	评价参数				
	有机碳含量/%	成熟度/%	脆性矿物含量/%	岩性组合	页岩单层厚度/m
I	>4.5	1.3~2.0	>70	富砂型	1~10
II	2.0~4.5	0.8~1.3	50~70	互层型	10~20
III	<2.0	<0.8	<50	富泥型	>20

　　页岩气的评价标准包括暗色泥页岩有效厚度、有机质成熟度、有机质丰度、有机质类型等因素。泥页岩有效厚度是形成页岩气的重要条件,是保证页岩气形成和储存的前提条件,泥页岩的厚度越大,封盖能力越强。有机质丰度是形成油气的基础,有机碳含量决定了页岩的生气能力。前人研究认为,泥页岩中总有机碳含量越高,泥页岩吸附气体的能力越强。有机质成熟度是决定有机质生油或是生气的关键指标,潘仁芳等(2009)研究认为,含气页岩的成熟度越高,表明页岩生气量越大,一般认为 R_o 处于 1.0%~3.0%之间较好。前人的研究表明,I 和 II_1 型干酪根以生油为主;II_2 型干酪根既可生油,又可生气;III 型干酪根以生气为主。因此,我们认为在页岩气评价中,不同干酪根类型泥页岩不同评价因素的下限值不同,在对页岩气进行评价时可根据不同干酪根类型的泥页岩来确定指标。分析认为,I 型干酪根泥页岩由于其有机质丰度高,故其形成页岩气所需的泥页岩有效厚度较其他类型的小,但由于 I 型干酪根的泥页岩以生油为主,其形成页岩气就需要较高的有机质成熟度(即镜质体反射率);II 型干酪根泥页岩有机质丰度较好,以生油气为主,故其形成页岩气所需的有效厚度要比 I 型干酪根泥页岩大,有机质成熟度较 I 型干酪根泥页岩低;III 型干酪根泥页岩有机质丰度较其他类型的低,其形成页岩气所需的泥页岩厚度大,但由于 III 型干酪根泥页岩以生气为主,所以其形成页岩气所需要的有机质成熟度较其他类型低。

　　依据国土资源部油气战略研究中心《全国页岩气资源潜力调查评价及有利区优选》标准(2011),将页岩气分布区划分为远景区、有利区和目标区(表 7-12)。我们依据对胶莱盆地目的层系莱阳群的埋深(图 7-42)、暗色泥页岩分布特征、烃源岩有机地球化学特征和页岩储层条件等分析,对胶莱盆地页岩气有利区块进行预测。

表 7-12　陆相、海陆过渡相页岩气有利区优选标准

主要参数	变化范围
页岩厚度	单层页岩厚度不小于 10 m;或泥地比大于 60%,单层泥岩厚度大于 6 m 且连续厚度不小于 30 m
有机碳含量	TOC 平均不小于 2.0%
有机质成熟度	I 型干酪根 R_o 不小于 1.2%;II 型干酪根 R_o 不小于 0.7%;III 型干酪根 R_o 不小于 0.5%
埋　深	500~4 500 m

主要参数	变化范围
地表条件	地形高差较小,如平原、丘陵、低山、中山、壁、沙漠等
保存条件	中等—好

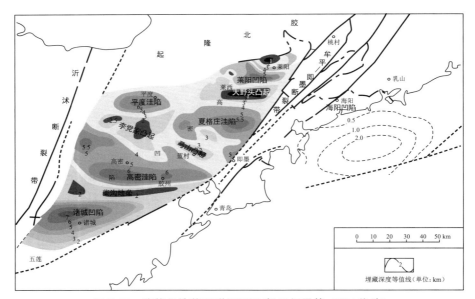

图 7-42　胶莱盆地莱阳群埋深图(据吴智平等,2004 修改)

1. 莱阳凹陷

莱阳群埋深 0～6 000 m,水南组暗色泥页岩共 5 层,最小分层厚度 6 m,最大分层厚度 40 m,暗色泥页岩分布连续;逍仙庄组暗色泥页岩总厚度 32 m,共 2 层,最大分层厚度为 20 m。该区的有机地球化学结果显示,莱阳群水南组泥页岩有机质丰度相对较高,TOC 最小值为 0.14%,最大值可达 2.676%,热演化程度适中,泥页岩镜质体反射率为 0.50%～2.22%,干酪根类型以 Ⅱ 和 Ⅲ 型为主;逍仙庄组有机质丰度较低,TOC 为 0.19%～0.42%,热演化程度适中,镜质体反射率为 0.85%～1.21%,干酪根类型以 Ⅱ$_2$ 型为主。依据国土资源部陆相页岩气有利区优选标准,认为莱阳凹陷为页岩气生成的有利区域。

2. 平度—夏格庄凹陷

莱阳群整体覆盖于青山群、王氏群及第四系之下,埋深 2 000～6 000 m,暗色泥页岩分布面积大,有机质类型以 Ⅰ 和 Ⅱ$_1$ 型为主,有机质丰度较好,热演化程度适中,镜质体反射率为 0.78%,暗色泥页岩分层厚度为 10～26 m,且断裂、岩浆活动相对较弱。依据国土资源部陆相页岩气有利区优选标准,认为平度—夏格庄凹陷为页岩气生成的有利区域。

3. 诸城—高密凹陷

诸城凹陷断裂相对较少,莱阳群埋深 $0\sim7\,000$ m,泥页岩有机质丰度较低,TOC 为 $0.30\%\sim0.35\%$,热演化程度较好,镜质体反射率为 $1.18\%\sim1.50\%$,干酪根类型以Ⅲ型为主,但由于该区莱阳群沉积期为一快速充填的过补偿沉积盆地,主要以粗碎屑为主,仅在局部低洼的区域发育泥页岩沉积,深湖—半深湖相沉积不发育,因此认为诸城—高密凹陷页岩气勘探的前景不大。

4. 海阳凹陷

海阳凹陷是一个东断西超的箕状断陷,主体位于南黄海海域区。莱阳群埋深 $500\sim2\,000$ m,刘华等(2006)推测海阳凹陷暗色泥页岩的最大厚度为 $150\sim200$ m,李金良(2006)、李金良等(2007)认为海阳凹陷热演化程度较好,$R_o>1.5\%$。总体来说,对于海阳凹陷的研究资料较少,不能较好地确定海阳凹陷页岩气的生成和保存条件等。因此我们认为海阳凹陷可作为页岩气的有利潜力区。

结合钻井、野外剖面以及有机地球化学特征等资料进行综合分析,认为胶莱盆地莱阳群泥页岩具有较好的页岩气形成和保存条件,莱阳凹陷、海阳凹陷、平度—夏格庄凹陷为页岩气的有利优选区块(图 7-43)。

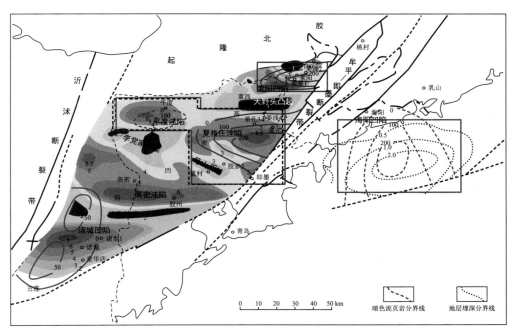

图 7-43　胶莱盆地莱阳群页岩气有利区域预测图

第三节 页岩气资源评价

胶莱盆地勘探程度低,钻井资料较少,因此采用蒙特卡罗法和地球化学法计算页岩气远景资源潜力。

一、蒙特卡罗法

在参数分析的基础上,采用蒙特卡罗法计算胶莱盆地水南组页岩气资源潜力期望值为 268×10^8 m^3(表 7-13)。

表 7-13 胶莱盆地水南组页岩气资源潜力计算表

参数 \ 评价单元	海阳凹陷			平度—夏格庄凹陷			莱阳凹陷		
	P_5	P_{50}	P_{95}	P_5	P_{50}	P_{95}	P_5	P_{50}	P_{95}
面积/km^2	200	150	100	200	150	80	250	200	150
厚度/m	30	20	6	40	20	6	40	20	6
总含气量/($m^3 \cdot t^{-1}$)	3.0	1.0	0.6	3.0	1.2	0.6	3.0	1.4	0.6
密度/($g \cdot cm^{-3}$)	2.5	2.2	1.7	2.5	2.2	1.7	2.5	2.2	1.7
地质资源量/(10^8 m^3)	450	66	6	600	79	5	750	123	9
期望值合计/(10^8 m^3)	268								

二、地球化学法

在分析烃源岩特征的基础上,结合氯仿沥青"A"含量、有机碳含量、降解率、排烃系数、聚集系数、暗色泥岩有效面积和厚度等参数,应用残烃法估算了胶莱盆地页岩气资源潜力。

根据初步评价结果,页岩气远景资源量为 200×10^8 m^3。

三、可采资源

页岩气比常规天然气可采系数低得多,一般在 15%～20% 之间,北美页岩气可采系数最大不超过 30%。本次评价中采用的技术可采系数与经济可采系数分别为 20% 和 15%(表 7-14)。

表 7-14　胶莱盆地页岩气可采系数取值表

单元名称	技术可采系数/%	经济可采系数/%
胶莱盆地	20	15

因此,本次初步评价结果见表 7-15。

表 7-15　胶莱盆地水南组页岩气资源潜力评价结果

评价单元	地质资源量/$(10^8 \ m^3)$				可采资源量/$(10^8 \ m^3)$			
	P_{95}	P_{50}	P_5	期　望	P_{95}	P_{50}	P_5	期　望
胶莱盆地	20	268	1 800	268	3	40	270	40

其中,青岛区区划内的平度—夏格庄凹陷页岩气地质资源量期望值为 $79 \times 10^8 \ m^3$,可采资源期望值为 $11.8 \times 10^8 \ m^3$。

总体来看,胶莱盆地页岩气勘探潜力较小。受研究程度和资料的限制,胶莱盆地页岩气富集规律尚不十分清楚,尚需进一步的工作和资料积累。

第八章
页岩油气勘探开发风险分析

页岩气是低品位、高风险、高潜能的非常规天然气资源。美国页岩气开发辉煌成就的背后是 70％的井产量并未达标的事实。在页岩气开发上，美国拥有无以比拟的先进技术和经验，但仍然屡屡受挫。水平钻井技术和水力压裂技术虽然大大提高了页岩气单井产量，但并不能有效规避页岩气勘探过程中的风险。绝大多数从事勘探的跨国油公司认为，全球新发现的油气平均规模在减小。对于大的油公司，例如 Shell，Mobil 和 Amoco，在高风险、高潜力的油气勘探项目中平均成功率只有 10％（Rose，2002）。

地下资源的勘探本身就是高风险、高投入的经济活动，现有的技术无法保证 100％成功。页岩气的勘探开发更是一项极为复杂的系统工程，通常具有投资大、周期长、技术复杂、风险大等特点，并且在整个过程中存在着大量的不确定因素。这些不确定因素包括地质、工程、政策、法律、政治、经济，甚至运气等多方面，不确定性即意味着风险和损失。

一、地质风险

（一）地质参数的不确定性

地质科学中，不确定因素包含在所有的地质预测过程中。尽管现今许多复杂、先进的技术、工艺（如三维地震、测井等）被广泛地应用在油气勘探中，但所获取的绝大多数地质参数仍然不能准确预测地下油气的精度。尽管大量的地质勘查工作和科学研究对于现代油气勘探的成功是非常必要的，但也必须认识到，勘探目标评价所需的几乎所有参数都是基于不确定因素条件下的评价，这种不确定性通常变化范围很大，因此用确定值评价——"单值预测"是非常不合适的。研究人员可以通过技术、研究及专业的判断，尽可能地降低不确定性，但不能排除不确定性。地质工作者应当始终认识、描述及处理这些不确定性，并将不确定程度准确可靠地反映给决策者，以帮助决策者作出科学的综合判断。

现阶段，我国页岩气勘探程度低，积累的资料少、精度低，地质参数的不确定性更加显著，页岩气前景和勘探风险大小不明，严重影响了决策者的下一步勘探部署与决策。因此，基于现有资料条件，对页岩气开展不确定条件下的地质评价，进行勘探目标风险分析，对于科学认识和部署页岩气勘探规划具有重要意义。

同时,地质参数的分析化验和实验测试过程中亦存在诸多尚未解决的问题,例如,测试样品代表性不足、测试结果精度不够、解释数据不唯一等。更加难以解决的是同一样品在不同国家、不同实验室、不同型号的设备、不同的测试人员甚至同一设备不同时间条件下测到的结果都可能有很大差异,为地质评价带来诸多困难。尤其是页岩储层的特殊性,目前的实验测试技术及方法都不够成熟,使得该问题更加突出。

韩双彪和张金川(2012)等挑选了我国南方上扬子地区下古生界的 4 块页岩样品,每个样品分别粉碎并混合均匀后平均分成 3 份,分别送往国内某实验室、美国犹他大学能源地学研究中心及德国地学研究中心进行了有机地化指标和全岩 X 衍射的平行对比实验,数据表明测试结果差别较大(表 8-1)。

表 8-1　4 块平行样品在不同国家测试得到的数据对比

参数	样品 1			样品 2			样品 3			样品 4		
	美国	德国	中国	美国	德国	中国	美国	德国	中国	美国	德国	中国
$TOC/\%$	2.55	2.31	4.06	1.33	1.69	1.57	3.11	10.20	4.03	2.49	3.76	0.98
$T_{max}/℃$	328	600	346	331	409	372	342	593	—	348	593	
$R_o/\%$	1.42		2.26	1.69		2.00	1.67		2.26	1.47		2.51
高岭石含量/%	—		0.726	—		1.200	—			—		—
绿泥石含量/%	1.100	2.760	1.936	1.500	7.970	3.600	—			0.500		6.450
伊利石含量/%	19.60	18.00	21.54	21.60	19.71	25.20	29.40		11.60	25.20		22.36
石英含量/%	45.20	42.82	53.00	45.20	42.19	40.70	30.70		68.00	52.70		40.00
白云母含量/%	1.80	9.80	—	2.30	14.84		6.90			2.40		—
斜长石含量/%	7.90	8.98	8.80	14.50	9.56	16.50	20.10		6.00	8.90		13.00
钾长石含量/%	5.6		1.0	8.7		3.1	4.7			6.2		2.0
方解石含量/%	1.50	2.29	5.10	0.70	1.63	0.10	0.30			0.50		2.00
白云石含量/%	15.4		4.7	4.0		6.6	2.3		11.0	1.2		—
黄铁矿含量/%	1.90	1.79	3.20	1.60	1.65	3.00	5.60			2.50		

采用现场解吸法测试国内某井某层段泥页岩含气量,不同公司、不同设备和不同操作人员对紧密相邻的岩芯样品分别测试的结果同样显示出较大差异,造成对目的层平均含气量的认识相差 1 倍以上(表 8-2)。诸多事实证实了目前页岩气评价相关参数测试中存在的不确定问题。

(二) 地质条件的复杂性

与北美环加拿大地盾形成的一系列沉积盆地不同,我国分布着扬子、华北和塔里木 3 个相互影响的板块,板块间的相互作用形成了复杂的沉积盆地演化背景,使得我国页岩气地质条件具有多层系分布、多成因类型、区域性差异大、后期改造复杂、地貌多样等特点。

表 8-2 某井泥页岩含气量分析结果

国 内					Weatherford				
深度/m	损失气/(m³·t⁻¹)	解吸气/(m³·t⁻¹)	残余气/(m³·t⁻¹)	总含气量/(m³·t⁻¹)	深度/m	损失气/(m³·t⁻¹)	解吸气/(m³·t⁻¹)	残余气/(m³·t⁻¹)	总含气量/(m³·t⁻¹)
2 417.85~2 418.13	0.45	0.22	0.03	0.70	2 418.45~2 418.50	0.570	0.251	0.725	1.545
2 423.07~2 423.37	0.51	0.37	0.02	0.90	2 422.62~2 422.92	0.404	0.450	0.753	1.606
2 427.07~2 427.37	0.36	0.01	0.04	0.41	2 426.62~2 426.92	0.652	0.412	0.838	1.902
2 431.00~2 431.30	0.24	0.01	0.03	0.28	2 431.30~2 431.60	0.376	0.345	0.712	1.433
2 435.61~2 435.90	0.52	0.62	0.04	1.18	2 435.91~2 436.21	0.472	0.574	0.659	1.704
2 440.90~2 441.20	0.59	0.45	0.04	1.08	2 441.20~2 441.50	0.218	0.316	0.710	1.243
平均值				0.76					1.572

在从元古代到第四纪的地质时期内,我国连续形成了从海相、海陆过渡相到陆相多种沉积环境下的多套富有机质泥页岩层系,地层组合特征各不相同。总体上来说,下古生界富有机质泥页岩以海相沉积为主,主要发育在南方和西部地区的寒武系、奥陶系及志留系,其中上扬子及滇黔桂区海相页岩分布面积大,厚度稳定,有机碳含量高,有机质热演化程度高,但后期改造作用强;上古生界富有机质泥页岩以海陆过渡相沉积为主,石炭—二叠系富有机质页岩分布广泛,在鄂尔多斯盆地、南华北和滇黔桂地区最为发育,页岩单层厚度较小,常与砂岩、煤岩等其他岩性频繁互层;中—新生界富有机质泥页岩以陆相沉积为主,主要分布在北方鄂尔多斯、渤海湾、松辽、塔里木、准噶尔等盆地和南方四川盆地部分地区,表现为巨厚的泥页岩层系,泥页岩与砂质薄层呈韵律发育,单层厚度薄,夹层数量多,累积厚度大,侧向变化快,有机质热演化程度普遍不高等特点。

复杂的地质条件决定了我国页岩气勘探开发无法简单借鉴国外成功经验,只能在高风险中逐步摸索,从我国页岩气实际地质特征出发,研究和探索适合我国地质条件的页岩气勘探开发模式。

(三)地质理论与规律尚不清晰

美国已发现的页岩气藏都是各不相同、各具特点的。我国的地质条件更加复杂,且目前积累的勘探开发经验非常少,对页岩气资源情况不甚清楚,对于页岩气富集地质理论和分布规律等问题并没有形成清晰的认识。这些勘探中涉及的诸如机理、条件、评价、控制因素等问题严重影响了对我国页岩气勘探方向的把握。

例如,我国南方古生界海相高—过成熟有机质是否仍具有形成页岩气的潜力;多旋回的构造变动和改造作用对页岩气富集和保存的影响是怎样的;上古生界薄层泥页岩与砂岩、煤岩薄互层形成的海陆过渡相层系能否归类到页岩气范畴;我国北方新生界陆相泥页岩的矿物组成特点是否易于压裂改造;评价页岩气是否富集的关键指标是什么;如何准确测定页岩含气量;不同规模和类型的断层、裂缝对页岩气富集和保存的作用有什么区别;

游离气、吸附气在形成页岩气产能中的贡献；页岩气富集区在地球物理信息上有何特征；页岩气丰度达到什么标准才具有实际开采意义；我国常规油气勘探效果不佳的、数量众多的中小型盆地是否具有页岩气前景等等。

涉及页岩气勘探方向的地质问题还有很多，在没有获得科学解答之前，页岩气的勘探和投入就是高风险的。持续不断的资料积累、经验积累和研究积累只能尽量降低风险，消除风险是不现实的。

二、技术风险

（一）开发技术复杂

技术进步是美国页岩气产量迅速增长的关键。水平钻井和水力压裂技术是页岩气开发的核心技术。经过多年的探索和攻关，美国已形成一套先进有效的页岩气开采技术，其核心是水平井＋储层（同步、多段）压裂技术。针对页岩气吸附气与游离气共存、储层致密、品位低等特点，水平井可以获得更大的渗流和解吸面积，根据美国经验，从水平井中获得的页岩气最终采收率是直井的 3～4 倍。尽管水平井投入成本较高，但其更适合于页岩的含气及采气特点，产气效益更高，是开发页岩气的必要手段和技术。90％以上的页岩储层需要经过压裂等改造措施才能获得比较理想的产量，水力压裂是目前用于页岩储层改造的主要技术，其增产效果显著，主要包括多级分段压裂、同步压裂及重复压裂等技术。对于水平井段长、产层多的页岩气井，常根据储层含气性特点进行多级分段压裂，可增加60％的可采储量。2011 年世界石油十大科技进展中，有 4 项是关于页岩气的，包括nmCT 和双射线系统三维成像技术、地球物理集成与融合技术、HiWAY（高速公路）流动通道水力压裂技术及 QuickFRAC 批次多级压裂系统。美国的页岩气工业发展历史和经验表明，及时、系统、针对性的方法技术是决定页岩气勘探开发速度甚至成败的关键。

我国开始页岩气的勘探开发只有几年时间，虽然也有一定的技术积累，但尚未掌握开发页岩气的核心技术，相关的工程技术手段也相对不够成熟。例如，水平井的部署、井眼轨迹设计、完井及分段多级压裂等配套技术还比较薄弱。同时，我国页岩储层类型多样，储层特征地区差异大，构造变形较强，纵、横连续性较差，分布规律复杂，且地面条件不佳，使得开采条件比美国更加复杂，大大增加了技术移植和改进的难度。此外，许多大型国际油企，例如斯伦贝谢、贝克休斯、哈里伯顿等纷纷在我国加大申请各项页岩气相关技术专利，对我们进行了知识产权封锁，为抢占我国页岩气市场做准备。

（二）核心装备薄弱

我国在常规天然气领域已经形成了较为完善的技术装备体系，为页岩气的装备研制奠定了基础。但由于页岩储层的特殊性，页岩气比常规天然气对开发技术和装备的要求高很多，现有基础远不能满足页岩气勘探开发的需要，目前设备往往具有性能、可靠性、时效性及测量精度不够,以及钻井周期长、配套设备不全、关键工具等受制于国外公司、改造成本居高不下等问题,关键设备亟待研制,实现页岩气技术装备自主化的任务十分艰巨。

例如,页岩气地质评价参数测定的关键实验设备包括页岩聚集离子束与电子束双束系统、等温吸附仪、现场解吸测定装置、孔隙度测定装置、脉冲法页岩基质渗透率测试装置等目前尚未实现商业化生产;长水平井钻完井装备有待突破;压裂所需高性能快速可钻式桥塞、大马力压裂车等设备和工具国内基本上没有;微地震监测技术和设备目前主要被国外技术服务公司垄断,国内尚无自主技术等(刘洪林,2014)。

我国目前的工艺技术研究与装备制造两个环节分离,使得装备制造企业不能很好地掌握工艺技术的发展和要求,只单纯以装备产品制造为主,缺乏技术服务和提供技术解决方案的能力。同时,装备制造企业规模普遍较小,研发投入有限,技术资源分散,自主创新能力薄弱,产品结构集中在中低端,缺乏持续发展的能力。

可见,借鉴美国页岩气勘探开发技术和装备,尽快开发、研制更适合我国的页岩气开采技术和装备,实现技术、装备国产化,还需要长期的经验积累,还有很长一段路要走。

(三)基础设施不成熟

EIA 认为,天然气生产基础设施的完善程度是能否成功开发和利用页岩气的重要因素。美国高度成熟的天然气工业体系为页岩气的革命性发展奠定了基础设施条件。美国建成了四通八达的天然气管网和城市供气网络,天然气管网长度达 48×10^4 km,上游天然气生产商 6 800 多家,天然气管道运营商 160 多家,天然气交易商 250 多家,有近 1 200 个地区配气公司和 6 500 多个终端用户(陈永昌,2012)。发达的管网使众多中小厂商可以方便地将自己生产的页岩气出售给交易商,大大减少了页岩气开发在末端环节的前期投入,降低了市场风险,迅速实现了页岩气开发的市场化和商品化。

与美国相比,我国天然气管网较少,现有管网系统还很不成熟。我国油气管道总长度仅有 9.3×10^4 km,并且分布不均,归大型石油企业所有,开放程度不够。这些基础设施能否被页岩气开发、利用与共享还取决于多种因素,不利于中小企业页岩气入网。完善的基础设施会大大降低页岩气的开采和运输成本,提升页岩气开发的经济性,早日促成页岩气的商业利用,但我国现有的基础设施条件将是制约页岩气商业利用的重要因素之一。

我国页岩气开发还处在起步阶段,核心技术、核心装备还没有突破,商业化运作模式还远未成形,探索阶段势必存在较高风险。

三、经济风险

(一)成本投资巨大

页岩气的勘探开发利用需要巨大的资金投入。我国目前的页岩气勘探程度较低,前期尚需大量的探井钻探、实验测试、地球物理信息采集及理论研究等工作量和资金投入来发展认识,摸清规律。中期的测试与开发阶段的技术工艺更加复杂,难度大,成本高。美国广泛应用井工厂生产模式,在良好的市场和政策条件下,大规模推广应用先进技术,大幅提高了产量,降低了开发成本。我国页岩气开发条件更加复杂,部分核心技术和关键设备工具还依赖于国际公司的技术支持和进口,导致开发成本居高不下,完成一口水平井钻完井及压裂所用的金钱和时间成本相当于美国的3~4倍。例如,北美地区页岩气开发井的平均成本折算为人民币一般为(2 500~3 000)万元/口,而我国目前页岩气单口开发井成本为(6 000~7 000)万元/口。由于页岩气品位较低,需要靠大规模开采来获得效益,所以开发阶段需要持续不断地增加钻井数量和投资来保持规模。此外,我国地形地貌条件复杂和输送管道等基础设施不成熟也是增加成本的重要原因。

(二)采收率低

页岩气资源含气丰度低,品位低,其开发具有单井产量低、递减快、生产周期长等特点,开发者需要相当长的一段时间才能获得经济效益,在此之前,投资成本将呈螺旋式增长。页岩气采收率一般为5%~33%(表8-3),远低于常规油气采收率。采收率高低与页岩气藏品质和开发技术密切相关。较低的可采性既增加了勘探目标的资源风险,也对开发规模(钻井数量、技术难度、资金投入、投资期)提出了较高要求。

表 8-3　美国典型页岩气区基本特征

盆　　地	阿巴拉契亚	密执安	伊利诺斯	福特沃斯堡	圣胡安	阿科马	
页岩名称	Ohio	Antrim	New Albany	Barnett	Lewis	Woodford	Fayetteville
时　　代	泥盆纪	泥盆纪	泥盆纪	早石炭世	早白垩世	晚泥盆世	早石炭世
埋深/m	610~1 524	183~730	183~1 494	1 981~2 591	914~1 829	1 829~3 353	3 048~4 115
采收率/%	17.5	26.0	12.0	13.5	33.0	5.0	8.0

注:表中数据据 Curtis,2002;Warlick,2006;Montgomery et al.,2005;Hill and Lombard;2002;Bowker,2007;龙鹏宇,2011 等修编。

(三)天然气价格波动

由于页岩气开发成本偏高,天然气的价格水平将直接决定页岩气开采的经济性,也决定着未来页岩气的发展前景。由于北美页岩气的成功开发,自 2007 年以来,全球天然气总产能转为过剩,国际天然气价格呈逐步下降趋势,近两年长期低位徘徊,未来一段时间内的天然气价格走势仍不确定。页岩气开发投资获得收益之前,需要经过很长时间的勘探、开发和开采阶段。在这期间,天然气价格上涨或下跌都会对收益产生巨大影响。我国对天然气的终端价格实行政府定价,总体偏低,使得页岩气早期开采的风险加大。

未来一段时间,随着技术进步、规模开发有效降低成本,或气价上涨,页岩气开发的经济性可能随之上升。在目前的低经济效益甚至亏损形势下,各企业仍对页岩气保持高涨兴趣,这是因为他们相信,世界对能源需求的不断上涨会很快促使天然气价格稳定上涨,为他们带来丰厚利润。

四、政策风险

页岩气的开发可能会对世界能源结构和地缘政治产生不可预知的战略影响。例如，美国由于充足的页岩气产量实现了能源自给，大大降低了对曾经的能源进口国的依赖，使其外交政策有了更多选择性。美国由原来的天然气消费国变成了与加拿大等出口国形成竞争的产气国，而欧洲页岩气的勘探开发以及从美国进口页岩气的尝试也将降低欧洲地区对俄罗斯天然气的依赖。

我国政府高度重视页岩气资源的勘探和开发。2011年，批准页岩气成为新的独立矿种，实行一级管理；多部委发布指导性文件，表明了政府在开发页岩气上的积极态度；设立了国家973、国家自然科学基金等页岩气专项科研项目；组织国内能源公司、行业组织、学术机构开展页岩气资源调查和学术研讨；鼓励外资以合资合作的方式进入页岩气的勘探和开发领域；近年来不断加大政府的支持力度，实行了页岩气开发利用补贴政策。

但在政策上，页岩气的开发仍然面临着诸多的困难，例如对探矿权、采矿权及天然气价格的限制等。页岩气产业要想取得快速发展还需要政府进一步的政策支持，例如放宽对探矿权的限制，开放市场，鼓励具有资金和技术实力的中外多种投资主体进入页岩气勘查开发领域；加强基础设施建设，授予民营企业管道自由接入权，提供相应的融资平台；实行天然气市场定价；减免关键设备、关键技术的关税等。同时，也不能排除随着我国页岩气开发形势逐渐明朗后，政府调整能源战略布局，加大对其他新能源产业的激励，而减少页岩气行业补贴的风险。

五、环境风险

页岩气开发的核心技术是水平钻井和水力压裂技术。1992年之前，美国的页岩气开发以直井为主，单井产量低且生产周期短，这与页岩储层致密及天然气的吸附态赋存等特殊性有关。水平井能够最大限度地穿越页岩地层和页岩裂缝，最大限度地增加渗流面积，特别是对于相对较薄的页岩储层更具优势。从2003年水平井大规模应用于Barnett页岩中后，页岩气年产量呈直线增长。Barnett页岩实际钻井经验表明，从水平井中获得的估计最终采收率大约是直井的3倍，页岩的基质渗透率极低（一般小于0.1 mD），绝大多数需要经过压裂改造后才能获得较理想的产量。水力压裂从1986年开始用于美国页岩储层增产作业中，早期主要采用氮气泡沫压裂和凝胶压裂，其中前者在某些特殊条件下仍然使用，后者则由于成本太高且对地层损害较大而停止使用。目前采用的主要是清水压裂，在清水中加入少量的减阻剂、稳定剂、表面活性剂等添加剂作为压裂液，输送支撑剂，可以在不减产的前提下节约30%的成本，并减小对地层的损害。压裂的方式主要是多级压裂、同步压裂、水力喷射压裂和重复压裂等。

从开发页岩气必须实施工艺技术可以看出,页岩气的规模开发不仅会耗费大量的用水,还可能引起天然气和压裂液渗漏,造成环境污染,这些过程主要发生在钻井和压裂阶段。环保主义者认为,页岩气的生产有可能污染地下水源,极大威胁人类及自然界的可持续发展。在美国的纪录短片《天然气之国》(GASLAND)中,部分环保人士对页岩气开发中引起的环境问题进行了专题报道,引起了世界各国相关人士的关注,法国政府甚至明令禁止页岩气的勘探开发,引起热议。

实际上,任何地下固体矿产、液体矿产和气体矿产的开发都会不同程度地造成环境问题,这些问题终将会通过工艺和技术的发展及改进得以控制和消除,但这仍需要一个过程。对于我国页岩气勘探开发中可能出现的环境问题,我们需要认真分析、客观对待,在借鉴美国等国家已有环境问题的基础上,针对我国地质特点,积极预防和避免出现类似问题,发展更为科学合理的页岩气勘探开发技术。

(一) 耗　水

据估计,一口水平井进行一次水力压裂约需用水 25 000 m^3,而页岩气的商业性开发需要一定规模的近井距井网,总用水量巨大。我国是一个水资源缺乏国家,如此大量用水势必会影响到周边的生活和生产用水,大量抽取地下水也会对周边生活造成负面影响。使用后的工程用水部分可以回收,但回收后的大部分水很难通过处理使其恢复可用性。该问题对于水资源缺乏的地区(例如我国北方地区)更为突出,引起部分相关人士的担忧。

(二) 环境污染

在页岩气开发中,水平钻井和压裂都可能造成地下天然气和压裂液的渗漏,污染地下水、地表水和空气(表 8-4)。

表 8-4　页岩气开发可能引起的环境污染问题

污染方式		污染性质	污染机理	主要原因	开发环节	可能后果
地下污染	压裂液进入地下水	物理、化学污染	渗　流	压裂液窜层	压　裂	生活、工业用水有毒
	天然气进入地下水	物理污染	CH_4 溶解、H_2S 形成硫酸盐、CO_2 引起溶解和沉淀	天然气渗漏	钻井、压裂	生活、工业用水易燃
	岩石脆裂	物理污染	地应力失衡	岩石破碎	钻井、压裂	地面下陷、诱发地震
地表污染	天然气进入地表水	物理污染	CH_4 溶解、H_2S 形成硫酸盐、减少水中 O_2 溶解量	天然气渗漏	钻井、压裂	生活、工业用水易燃,鱼类死亡
	压裂液进入地表水	物理、化学污染	化学反应	压裂液渗漏	压　裂	动植物疾病
空气污染	CH_4 进入空气	物理污染		天然气渗漏	钻井、压裂	易燃、易爆
	H_2S 等气体进入空气				钻井、压裂	有　毒

目前普遍应用的清水压裂是在清水中加入适量的减阻剂、表面活性剂或线性凝胶,以少量的砂作为支撑剂(表 8-5)的压裂作业方法。为了进一步减弱清水压裂液可能带来的危害,还可以进一步净化压裂液。

表 8-5　水力压裂液添加剂类型、成分及作用(据 Chesapeake Energy,2010)

添加剂类型	主要化合物	作　用	含量/%
酸	盐　酸	有助于溶解矿物和造缝	0.123
抗菌剂	戊二醛	清除生成腐蚀性产物的细菌	0.001
破乳剂	过硫酸铵	使凝胶剂延迟破裂	0.010
缓蚀剂	甲酰胺	防止套管腐蚀	0.002
交联剂	硼酸盐	当温度升高时保持压裂液的黏度	0.007
减阻剂	原油馏出物	减小清水的摩擦因子	0.088
凝　胶	瓜胶或羟乙基纤维素	增加清水的携砂能力	0.056
金属控制剂	柠檬酸	防止金属氧化物沉淀	0.004
防塌剂	氯化钾	使携砂液卤化以防止流体与地层黏土反应	0.060
pH 调整剂	碳酸钠或碳酸钾	保持其他成分的有效性,如交联剂	0.011
防垢剂	乙二醇	防止管道内结垢	0.043
表面活性剂	异丙醇	减小压裂液的表面张力并提高其返回率	0.085
支撑剂	石英砂、陶粒	使裂缝保持张开以便气体能够溢出	8.950

(三) 其他问题

有观点提出,由于压裂引起的岩层破碎和开发引起的地层压力下降均有可能诱发地震和地面沉降。在常规油气田区,由于地下流体的长期、大量抽采,引起地面沉降的实例已有发现(例如大庆油田、大港油田等)。

上述问题在美国页岩气开发早期的个别地区已有发现,主要是由压裂过度引起窜层、压裂段与断裂带连通等原因造成,压裂作业的工程失败个例在任何类型油气开发过程中都存在。页岩气的开发并没有比其他类型油气开发带来更大的环境问题,例如致密砂岩油气的压裂开发同样需要大量的水;聚合物注入、化学驱等开发方式在各地均有应用,都会不同程度地对深层地下水造成一定污染。美国页岩气取得今天的巨大成就与其几十年的探索和实践是分不开的,在探索早期,页岩气开发井的工程设计、开发工艺和技术均不够成熟,并未考虑到环境污染问题,随后的技术发展均针对该问题进行了改进。例如,将凝胶压裂改进为清水压裂,将大型压裂改进为多级压裂,发展压裂检测技术、无水压裂技术等。随着技术的进步和发展,页岩气开发引起的环境问题将逐步减弱。

对我国而言,美国几十年的页岩气勘探开发实践已为我们奠定了良好的技术基础,使我们在规模性页岩气开发实施之前已经清楚地知道面临的环境问题,并积极应对。与其他类型油气资源相比,我们将付出更少的环境代价。

我国页岩气地质条件复杂,南、北方人文、地理、地下和地表条件均具有较大差异,在页岩气勘探开发和环境保护对策上都应区别对待。

我国南方地区地貌复杂,水系发达,地下水埋藏浅,地下水、地表水和大气水交替活跃,一旦发生地下水和地表水污染,就很容易造成大面积影响,因此对压裂液组成应十分谨慎,尽量减少化学剂的使用,发展少水压裂和无水压裂技术。南方地区构造变动强,断裂发育复杂,易发生压裂液窜层和天然气渗漏;古生界页岩储层成岩作用强,脆性大,埋藏浅,极易压裂,但压裂缝不易控制,需要重点考虑发展定向压裂技术。南方地区资源匮乏,页岩气勘探开发若能形成商业性规模,将对我国南方的经济发展产生深远影响,对南方地区政治、经济、社会及人文等发展均具有战略性意义。相对而言,由于页岩气开发可能引起的局部的、可控的环境问题完全可以通过工艺和技术改进避免和消除。

我国北方地区地表条件相对较好,但水资源匮乏,应重视工程用水的回收和重复使用,重点发展少水或无水压裂技术;北方地区上古生界、中生界和新生界泥页岩层系埋深大,不易压裂,多数有利区位于已成熟开发常规油气田内部,宜重视多类型油气的综合勘探开发,降低成本,提高效率。

近年来,地方政府与民间资本积极筹备。加快页岩气的勘探开发,尽快实现页岩气在我国的规模性、工业性开发已是众望所归。但在热情高涨的同时,我们应当冷静地思考和分析页岩气的大规模勘探开发带来的负面影响。美国、法国等国家已有呼声提出页岩气开发中引起的环境问题。我国人口密度大,生态环境相对脆弱,更应该对页岩气勘探开发中可能引起的环境问题慎之又慎,在科学分析、认识该问题的基础上采取措施积极应对。

参考文献

包书景,2012.我国发展页岩气资源面临的机遇与挑战[J].石油与装备,43(2):55-56.

蔡勋育,刘金连,赵培荣,等,2020.中国石化油气勘探进展与上游业务发展战略[J].中国石油勘探, 25(1):11-19.

陈波,兰正凯,2009.上扬子地区下寒武统页岩气资源潜力[J].中国石油勘探(3):10-14.

陈永昌,2012.我国页岩气开发面临的机遇、风险及对策建议[J].石油规划设计,23(5):7-12.

崔永君,杨锡禄,张庆铃,2003.煤对超临界甲烷的吸附特征[J].天然气工业,23(3):131-133.

董大忠,程克明,王世谦,等,2009.页岩气资源评价方法及其在四川盆地的应用[J].天然气工业,29 (5):33-39.

董大忠,程克明,王玉满,等,2010.中国上扬子区下古生界页岩气形成条件及特征[J].石油与天然气 地质,31(3):288-299.

范长生,杨民仓,1994.解吸法计算瓦斯损失量方法探讨[J].中州煤炭,4:24-26.

方俊华,朱炎铭,魏伟,等,2010.页岩等温吸附异常初探[J].吐哈油气,15(4):317-320.

冯增昭,1993.沉积岩石学[M].2版.北京:石油工业出版社.

冯爱国,张建平,石元会,等,2013.中扬子地区涪陵区块海相页岩气层特征[J].特种油气藏,20(5): 15-19.

国土资源部油气资源战略研究中心,2016.全国页岩气资源潜力调查评价及有利区优选[M].北京: 科学出版社.

国土资源部油气资源战略研究中心,2017.页岩气资源动态评价[M].北京:地质出版社.

郭旭升,胡东风,刘若冰,等,2018.四川盆地二叠系海陆过渡相页岩气地质条件及勘探潜力[J].天然 气工业,38(10):11-18.

黄第藩,1996.成烃理论的发展[J].地球科学进展,11(4):327-335.

黄锐,张新华,2014.陆相页岩气评价标准探讨——以川西须家河组五段为例[J].中国石油和化工标 准与质量,3:191-192.

黄文彪,邓守伟,卢双舫,等,2014.泥页岩有机非均质性评价及其在页岩油资源评价中的应用——以 松辽盆地南部青山口组为例[J].石油与天然气地质,35(5):704-711.

胡素云,陶士振,闫伟鹏,等,2019.中国陆相致密油富集规律及勘探开发关键技术研究进展[J].天然 气地球科学,30(8):1083-1093.

胡涛,马正飞,姚虎卿,2002.甲烷超临界高压吸附等温线研究[J].天然气工业,27(3):36-40.

贾承造,李本亮,张兴阳,等,2007.中国海相盆地的形成与演化[J].科学通报,52(1):1-8.

姜在兴,熊继辉,王留奇,等,1993.胶莱盆地下白垩统莱阳组沉积作用和沉积演化[J].石油大学学报,17(2):8-15.

姜在兴,熊继辉,王留奇,等,1993.胶莱盆地下白垩统莱阳组沉积作用和沉积演化[J].石油大学学报（自然科学版）,17(2):8-15.

姜振学,唐相路,李卓,等,2016.川东南地区龙马溪组页岩孔隙结构全孔径表征及其对含气性的控制[J].地学前缘,23(2):126-134.

金之钧,蔡立国,2007.中国海相层系油气地质理论的继承与创新[J].地质学报,81(8):1017-1024.

匡立春,董大忠,何文渊,等,2020.鄂尔多斯盆地东缘海陆过渡相页岩气地质特征及勘探开发前景[J].石油勘探与开发,47(3):435-446.

李爱芬,凡田友,赵琳,2011.裂缝性油藏低渗透岩心自发渗吸实验研究[J].油气地质与采收率,18(5):67-77.

廖东良,路保平,2018.页岩气工程甜点评价方法——以四川盆地焦石坝页岩气田为例[J].天然气工业,38(2):43-50.

李景明,罗霞,冉君贵,2006.三大古板块是中国寻找大气田的重要领域[J].天然气工业,26(12):15-19.

李金良,张岳桥,柳宗泉,等,2007.胶莱盆地沉积-沉降史分析与构造演化[J].中国地质,134(2):240-250.

李金良,2006.胶莱盆地沉积分析及构造演化[D].北京:中国地质科学院.

李延钧,刘欢,张烈辉,等,2013.四川盆地南部下古生界龙马溪组页岩气评价指标下限[J].中国科学:地球科学,43(7):1088-1095.

李延钧,刘欢,刘家霞,等,2011.页岩气地质选区及资源潜力评价方法[J].西南石油大学学报,33(2):28-34.

李玉喜,乔德武,姜文利,等,2011.页岩气含气量和页岩气地质评价综述[J].地质通报,30(2-3):308-316.

李玉喜,张金川,姜生玲,等,2012.页岩气地质综合评价和目标优选[J].地学前缘,19(5):332-338.

李志明,郑伦举,蒋启贵,等,2018.湖相富有机质泥质白云岩生排烃模拟及其对页岩油勘探的启示[J].地球科学,43(2):566-576.

刘宝珺,1980.沉积岩石学[M].北京:地质出版社.

刘洪林,2014.中国页岩气产业、技术装备发展现状及其对策研究[J].非常规油气,1(2):78-82.

刘华,李凌,吴智平,2006.胶莱盆地烃源岩分布及有机地球化学特征[J].石油实验地质,28(6):574-580.

刘惠民,孙善勇,操应长,等,2017.东营凹陷沙三段下亚段细粒沉积岩岩相特征及其分布模式[J].油气地质与采收率,24(1):1-10.

龙鹏宇,2011.上扬子地区页岩气成藏条件及有利区分析[D].北京:中国地质大学(北京).

卢春红,纪友亮,潘春孚,2012.地震属性在沉积相研究中的应用——以莱阳凹陷白垩系莱阳组水南段为例[J].特种油气藏,19(5):38-41.

卢双舫,黄文彪,陈方文,等,2012.页岩油气资源分级评价标准探讨[J].石油勘探与开发,39(2):249-256.

卢双舫,黄文彪,李文浩,等,2017.松辽盆地南部致密油源岩下限与分级评价标准[J].石油勘探与开发,44(3):473-480.

罗鹏,吉利明,2013.陆相页岩气储层特征与潜力评价[J].天然气地球科学,24(5):1060-1067.

聂海宽,张金川,2012.页岩气聚集条件及含气量计算——以四川盆地及其周缘下古生界为例[J].地质学报,86(2):349-359.

潘仁芳,伍媛,宋争,2009.页岩气勘探的地球化学指标及测井分析方法初探[J].中国石油勘探(3):6-9.

庞湘伟,2010.煤层气含量快速测定方法[J].煤田地质与勘探,38(1):29-32.

庞雄奇,陈章明,陈发景,1997.排油气门限的基本概念、研究意义与应用[J].现代地质,11(4):510-520.

庞雄奇,李素梅,金之均,等,2004.排烃门限存在的地质地球化学证据及其应用[J].地球科学——中国地质大学学报,29(4):384-390.

蒲泊伶,蒋有录,王毅,等,2010.四川盆地下志留统龙马溪组页岩气成藏条件及有利地区分析[J].石油学报,31(2):225-230.

秦杰,陶有兵,任天龙,等,2011.莱阳地区中生代陆相地层多重地层划分及沉积演化[A]//"资源保障环境安全——地质工作使命"华东六省一市地学科技论坛文集[C].杭州,浙江国土资源杂志社:42-47.

秦勇,2003.中国煤层气勘探与开发[M].徐州:中国矿业大学出版社.

任拥军,查明,2003.胶莱盆地东北部白垩系烃源岩有机地球化学特征[J].石油大学学报,27(5):16-20.

Ross,2002.油气勘探项目的风险分析与管理[M].窦立荣译.北京:石油工业出版社.

斯伦贝谢公司,2006.页岩气藏的开采[J].油田新技术(3):19-21.

谭茂金,张松扬,2010.页岩气储层地球物理测井研究进展[J].地球物理学进展,25(6):2024-2030.

王安乔,郑保明,1987.热解色谱分析参数的校正[J].石油实验地质,9(4):342-350.

王广源,张金川,李晓光,等,2010.辽河东部凹陷古近系页岩气聚集条件分析[J].西安石油大学学报(自然科学版),25(2):1-5.

王兰生,邹春艳,郑平,等,2009.四川盆地下古生界存在页岩气的地球化学依据[J].天然气工业,29(5):59-62.

王苗,陆建林,左宗鑫,等,2018.纹层状细粒沉积岩特征及主控因素分析——以渤海湾盆地东营凹陷沙四—沙三下亚段为例[J].石油实验地质,40(4):471-478.

王社教,王兰生,黄金亮,等,2009.上扬子区下志留系页岩气成藏条件[J].天然气工业,29(5):45-50.

王媛,汪少勇,李建忠,等,2019.辽西雷家地区沙四段中—低熟烃源岩排烃效率与致密油-页岩油勘探前景[J].石油与天然气地质,40(4):810-820.

王增林,王敬,刘慧卿,等,2011.非均质油藏开发规律研究[J].油气地质与采收率,18(5):63-66.

王志刚,2015.涪陵页岩气勘探开发重大突破与启示[J].石油与天然气地质,36(1):1-6.

吴智平,李凌,李伟,等,2004.胶莱盆地莱阳期原型盆地的沉积格局及有利油气勘探区选择[J].大地构造与成矿学,28(3):330-337.

徐波,李敬含,李晓革,等,2011.辽河油田东部坳陷页岩气成藏条件及含气性评价[J].石油学报,32(3):450-457.

徐士林,包书景,2009.鄂尔多斯盆地三叠系延长组页岩气形成条件及有利发育区预测[J].天然气地球科学,23(3):460-465.

杨阳,朱超,陈博,等,2012.美国 Barnett 页岩与鄂尔多斯盆地张家滩页岩对比研究[J].长江大学学报(自然科学版),9(12):50-52.

杨振恒,李志明,沈宝剑,等,2009. 页岩气成藏条件及我国黔南坳陷页岩气勘探前景浅析[J]. 中国石油勘探,3:24-28.

叶军,曾华盛,2008.川西须家河组泥页岩成藏条件与勘探潜力[J]. 天然气工业,28(12):18-25.

于良臣,李文馥,1981.煤与瓦斯突出煤层重烃组分的研究[J]. 煤炭学报,4:1-8.

翟慎德,任拥军,查明,2003.胶莱盆地白垩系烃源岩生物标志物[J]. 新疆石油地质,24(5):392-395.

张金川,金之钧,袁明生,2004.页岩气成藏机理和分布[J]. 天然气工业,24(7):5-18.

张金川,李玉喜,聂海宽,等.2010.渝页1井地质背景及钻探效果[J]. 天然气工业,30(12):114-118.

张金川,林腊梅,李玉喜,等,2012.页岩气资源评价方法与技术:概率体积法[J]. 地学前缘,19(2):184-191.

张金川,林腊梅,李玉喜,等,2012.页岩油分类与评价[J]. 地学前缘,19(5):322-331.

张金川,徐波,聂海宽,等,2002.中国页岩气资源勘探潜力[J]. 天然气工业,28(6):136-141.

张金川,薛会,张德明,等.2003,页岩气及其成藏机理[J]. 现代地质,17(4):466

张金川,汪宗余,聂海宽,等,2008a. 页岩气及其勘探研究意义[J]. 现代地质,22(4):640-646.

张金川,徐波,聂海宽,等,2008b.中国页岩气资源勘探潜力[J]. 天然气工业,28(6):136-140.

张金川,姜生玲,唐玄,等,2009. 我国页岩气富集类型及资源特点[J]. 天然气工业,29(12):1-6.

张金川,金之均,袁明生,2004. 页岩气成藏机理和分布[J]. 天然气工业,24(7):15-18.

张金川,林腊梅,李玉喜,等,2012a. 页岩气资源评价方法与技术:概率体积法[J]. 地学前缘,19(2):184-191.

张金川,林腊梅,李玉喜,等,2012b.页岩油分类与评价[J]. 地学前缘,19(5):322-331.

张金川,聂海宽,徐波,等,2008c. 四川盆地页岩气成藏地质分析[J]. 天然气工业,2008,28(2):1-6.

张抗,谭云冬,2009. 世界页岩气资源潜力和开采现状及中国页岩气发展前景[J]. 当代石油石化,17(3):9-18.

张士万,孟志勇,郭战峰,等,2014.涪陵地区龙马溪组页岩储层特征及其发育主控因素[J]. 天然气工业,34(12):16-24.

张小平,2008. 胶体、界面与吸附教程[M]. 广州:华南理工大学出版社.

周理,李明,周亚平,2000. 超临界甲烷在高表面活性炭上的吸附测量及其理论分析[J]. 中国科学:B辑,30(1):49-56.

周理,周亚平,孙艳,等,2004. 超临界吸附及气体代油燃料技术研究进展[J]. 自然科学进展,14(6):615-623.

曾允孚,夏文杰,1986. 沉积岩石学[M]. 北京:地质出版社.

邹才能,陶士振,袁选俊,等,2009."连续型"油气藏及其在全球的重要性:成藏、分布与评价[J]. 石油勘探与开发,36(6):669-682.

邹才能,杨智,孙莎莎,等,2020."进源找油":论四川盆地页岩油气[J]. 中国科学:地球科学,50(7):903-920.

ADAMSON,1998. Physical chemistry of surfaces[J]. Langmuir,14(1):7271-7277.

APLIN A C, MACQUAKER J S H, 2011. Mudstone diversity:origin and implications for source, seal, and reservoir properties in petroleum systems[J]. AAPG Bulletin, 95(12):2031-2059.

BERTARD C, BRUYET B, GUNTHER J, 1970. Determination of desorbable gas concentration of coal (Direct Method)[J]. International Journal of Rock Mechanics and Mining Science, 7:43-65.

BOSE T K,CHAHINE R,MAEHILDON L,1987.New dielectric method for measurement of physical adsorption of gases at high pressure[J]. Review of Scientific Instruments,3(12):3012-3015.

BOWKER K A,2003. Recent development of the Barnett Shale play,Fort Worth basin[J]. West Texas Geological Society Bulletin,42(6):4-11.

BOWKER K A,2007. Barnett shale gas production,Fort Worth basin: Issues and discussion[J]. AAPG Bulletin,91(4):523-533.

CAMP B S, KIDD J T, LOTTMAN L K, et al., 1992. Geologic manual for the evaluation and development of coalbed methane[R]. Gas Research Inst. Topical Rep: GRI-91/0110.

CHESAPEAKE ENERGY,2010. Fact Sheet: Hydraulic fracturing[EB/OL]. March 2010[2010-03-11]. http://www.chk.com/Media/CorpMediaKits/Hydraulic_Fracturing_Fact_Sheet.pdf.

CURTIS J B, 2002. Fractured shale-gas systems [J]. AAPG Bulletin, 86(11):1921-1938.

DIAMOND W P, LEVINE J R,1981. Direct method determination of the gas content of coal-Procedures and results: U.S. Bureau of Mines Report of Investigations[R]:36.

EIA, 2011. Review of emerging resources:U.S. shale gas and shale oil plays [R]. U.S. Department of Energy Washington, DC 20585:1-105

FITZGERALD J E,SUDIBANDRIYO M,PAN Z,et al.,2003. Modeling the adsorption of pure gases on coals with the SLD model[J]. Carbon,1(12):335-345.

HILL D G,LOMBARDI T E,2002. Fractured gas shale potential in New York [J]. Ontario Petroleum Institute Annual Conference,41:1-16.

HILL D G, LOMBARDI T E,2002. Fractured gas shale potential in New York[A]. Ontario Petroleum Institute Annual Conference[C]. 1-16.

JARVIE D M,RONALD J H,TIM E R,2007. Unconventional shale-gas systems:The Mississippian Barnett shale of north-central Texas as one model for thermogenic shale-gas assessment[J]. AAPG Bulletin,91(4):475-499.

JARVIE D M,2012. Components and processes affecting components and processes affecting producibility and commerciality of shale resource systems[R]. Wuxi,China:Shale Oil Symposium.

JARVIE D,2004. Evaluation of hydrocarbon generation and storage in Barnett shale,Fort Worth basin,Texas[R]. Texas:Humble Geochemical Services Division.

JOHNSON N L, CURRIE S M, ILK D, et al., 2009. A simple methodology for direct estimation of gas-in-place and reserves using rate-time data[C]. SPE Rocky Mountain Petroleum Technology Conference. Denver,Colorado:14-16.

KALANTARI-DAHAGHI A, MOHAGHEGH S D, 2009. Intelligent top-down reservoir modeling of New Albany Shale[C]. SPE Eastern Regional Meeting,Charleston:23-25.

KING G R,1993. Material balance techniques for coal seam and Devonian shale gas reservoirs[J]. SPE Reservoir Engineering,8(1):67-72.

KISSELL F N, MCCULLOCH C M, ELDER C H,1973. The direct method of determining methane content of coalbeds for ventilation design: U.S. Bureau of Mines Report of Investigations[R]. USBM.

KUUSKRAA V A, 2006.Unconventional natural gas: Industry savior or bridge? [C]. EIA Energy Outlook and Modeling Conference.

LEE J A, 2007.Better way to forecast production in unconventional gas reservoir [EB/OL]. http://

spemc.org /resources/presentation_100710.pdf.

LEE W J, SIDLE R E, 2010. Gas reserves estimation in resource plays[C].SPE Unconventional Gas Conference, Pittsburgh, Pennsylvania,USA:23-25.

LEWIS R,INGRAHAM D,PEARCY M, et al., 2010.New evaluation techniques for gas shale reservoirs[EB/OL]. http://www.sipeshouston. org/presentations/Pickens%20Shale%20Gas.pdf.

MACQUAKER J H S, ADAMS A E,2003. Maximizing information from finegrained sedimentary rocks:an inclusive nomenclature for mudstones[J]. Journal of Sedimentary Research,73(5):735-744.

MACQUAKER J H S, BENTLEY S J, BOHACS K M, 2010. Wave-enhanced sediment-gravity flows and mud dispersal across continental shelves:Reappraising sediment transport processes operating in ancientmudstone successions[J]. Geology, 38(10):947-950.

MARTINI A M,WALTER L M, KU T C W, et al., 2003. Microbial production and modification of gases in sedimentary basins:A geochemical case study from a Devonian shale gas play, Michigan basin[J]. AAPG Bulletin, 87(8):1 355-1 375.

MAVOR M J, PRATT T J, BRITTON R N,1994. Improved methodology for determining total gas content, vol. I. Canister gas desorption data summary[R]. Gas Research Inst., Topical Rep:GRI-93/0410.

MAVOR M ,2003. Barnett shale gas-in-place volume including sorbed and free Gas volume [J]. AAPG Southwest Section Meeting,3:1-4.

MCCULLOCH C M, LEVINE J R, KISSELL F N, et al.,1975.Measuring the methane content of bituminous coalbeds: U.S. Bureau of Mines Report of Investigations[R]:22.

MENON P G,1968. Adsorption of gases at high pressure[J]. Chemical Review,1(3):3057-3060.

MIHAI A V, 2010. Fast and economic gas isotherm measurements using small shale samples[EB/OL]. http://www.scalinc.com/AAPG2010.ppt.

MOFFAT D H,WEALE K E,1955. Sorption by coal of methane at high pressure[J]. Fuel,34:449-462.

MONTGOMERY S L,JARVIE D M,BOWKER K A,2005. Mississippian Barnett shale,Fort Worth basin,North central Texas:Gas-shale play with multi-trillion cubic foot potential[J]. AAPG Bulletin,89:155-175.

POLLASTRO R M,2007. Total petroleum system assessment of undiscovered resources in the giant Barnett shale continuous(unconventional) gas accumulation,Fort Worth basin,Texas[J]. AAPG Bulletin,91(4):551-578.

ROSS D K,BUSTIN R M,2008. Characterizing the shale gas resource potential of Devonian-Mississippian strata in the Western Canada sedimentary basin:Application of an integrated formation evaluation[J]. AAPG Bulletin,92(1):87-125.

SCAL Inc., 2011. Quick-Desorption shale evaluation/tight rock analysis sorption isotherms performed on rotary sidewall samples [EB/OL]. http://www.scalinc.com /QuickDesorption. pdf.

SCHENK C J, POLLASTRO R M, 2002. Natural gas production in the United States[R]. National Assessment of Oil and Gas Series, U.S. Geological Survey Fact Sheet FS-113-01:2.

SCHENK C, 2011.Geologic characterization of potential unconventional oil and gas resources of Thailand[EB/OL]. http://www.energy.cr.usgs.gov/oilgas/nogu.

SCHIEBER J, 2011. Reverse engineering mother nature-shale sedimentology from an experimental perspective[J]. Sedimentary Geology, 238:1-22.

SCHIEBER J, 2016. Experimental testing of the transport-durability of shale lithics and its implications for interpreting the rock record[J]. Sedimentary Geology,331:162-169.

SCHIEBER J, SOUTHARD J B, THAISEN K, 2007. Accretion of mudstone beds from migrating floccule ripples[J]. Science, 318(5857):1760-1763.

SCHMOKER J W,1999. Geological survey assessment model for continuous(unconventional) oil and gas accumulations—The"FORSPAN"model[J]. Geological Survey Bulletin,2168:12.

SCHMOKER J W,2002. Resource-assessment perspectives for unconventional as systems[J]. AAPG Bulletin,86(12):1993-1999.

STEFFEN K, 2010. Using Bayesian Belief Networks to evaluate continuous gas resources(shale gas, tight gas,and coal bed methane):Tools to calibrate the expert and exploit knowledge[EB/OL]. http:// www.searchanddiscovery.net/documents/2010/40571steffen/ndx_steffen.pdf.

TAN Z M,GUBBINS K E,1990. Adsorption in Carbon micropores at supercritical temperature[J]. Journal of Physical Chemistry,94(15):6061-6069.

TRW, 1981. Desorbed gas measurement system—Design and application[R]. Morgantown Energy Technology Center, Morgantown, WV.

ULERY J P, HYMAN D M, 1991.The modified direct method of gas content determination—Applications and results[A]//The 1991 Coalbed Methane Symposium Proceedings[C]. Tuscaloosa, Alabama: Gas Research Institute, University of Alabama, U.S. Mine Safety and Health Administration, and Geological Survey of Alabama.

USGS, 2003. Forspan model usersguide [EB/OL]. http://pubs.usgs.gov/of/2003/ofr-03-354.

WARLICK D,2006. Gas shale and CBM development in North America[J]. Oil and Gas Financial Journal,3(11):1-5.

YAWAR Z, SCHIEBER J, 2017. On the origin of silt laminae in laminated shales[J]. Sedimentary Geology,360:22-34.

YEE D, SEIDLE J P, HANSON W B,1993. Gas sorption on coal and measurement of gas content [A]//LAW B E, RICE D D. Hydrocarbons from Coal[C]. AAPG Studies in Geology:203-218.

ZHOU L A,2001. Simple isotherm equation for modeling the adsorption equilibria on porous solids over wide range temperatures[J]. Langmuir,17(18):5501-5503.